漫画时间简史三部曲

咣！炸出一个宇宙

武子 著/绘

人民邮电出版社
北京

图书在版编目（CIP）数据

哓！炸出一个宇宙 / 武子著、绘. -- 北京 : 人民邮电出版社, 2024.5
（漫画时间简史三部曲）
ISBN 978-7-115-63388-0

Ⅰ. ①哓… Ⅱ. ①武… Ⅲ. ①宇宙－普及读物 Ⅳ. ①P159-49

中国国家版本馆CIP数据核字(2024)第034244号

◆ 著 / 绘　武　子
责任编辑　王朝辉
责任印制　陈　犇
◆ 人民邮电出版社出版发行　　北京市丰台区成寿寺路 11 号
邮编　100164　　电子邮件　315@ptpress.com.cn
网址　https://www.ptpress.com.cn
北京瑞禾彩色印刷有限公司印刷
◆ 开本：880×1230　1/32
印张：6.75　　2024 年 5 月第 1 版
字数：145 千字　　2024 年 5 月北京第 1 次印刷

定价：49.80 元

读者服务热线：(010)81055410　印装质量热线：(010)81055316
反盗版热线：(010)81055315
广告经营许可证：京东市监广登字 20170147 号

内容提要

纵观科学史，人类对宇宙的认识过程经历了很多阶段，从亚里士多德到托勒密、从哥白尼到开普勒、从伽利略到牛顿、从哈勃到爱因斯坦。依据不同历史时期的重大发现，人们对于大自然的理解在一步步地向真相迈进。

本书用趣味的漫画和轻松的文字，在幽默搞笑的气氛中，绘声绘色地描述了历史上地心说与日心说的较量、牛顿三定律和万有引力的发现、狭义相对论和广义相对论的问世过程，以及宇宙大爆炸理论的提出和发展等重大科学事件，书中涵盖相关理论知识及人物传记。作者用生动的卡通形象和诙谐的绘画风格讲述了人类科学史上那些伟大的科学家和他们的伟大发现。

本书适合物理爱好者、天文爱好者，以及其他任何对科学感兴趣的读者阅读。假如你从未对自然科学产生过兴趣，那么本书或许能点燃你的热情！

序

我之前出过两本书：《1小时看懂相对论（漫画版）》和《漫画平行宇宙》，这已经是武子写的第三本（其实是一套三本）书了。平均来说，每本书都要花上一年的时间进行创作，这套花的时间更久。

在这些年创作科普漫画的过程中，我逐渐感受到，读者对于“轻松幽默”的要求越来越高。或许是当今这个时代，短视频的兴起培养了大众对于“快餐文化”的兴趣，以至于人们更喜爱那些可以在碎片时间和悠闲随意的状态下收获知识的作品。为此，我努力在作品中提高幽默成分。然而，科普作品毕竟需要一定的严谨性，所以内容如何取舍是个很费神的工作。

为了提高画面的表现力，我专门学习了漫画分镜、电影分镜，并加强了日常速写练习。不谦虚地说，在近几年的工作和训练中，我绘画的功力得到了明显提升。从这套书里其实就能看到，前期画面还有些生涩，越到后面画得越熟练。如果再比较一下《1小时看懂相对论（漫画版）》时的绘画效果，这套作品在绘画方面算是提高了很多。

漫画家的工作有时候比较像一整个电影剧组，自己编剧，自己分镜，自己指挥，自己演（用画笔代替），还有美术、剪辑、道具全部都需要一个人搞定。我努力在各方面提升自己，以求提高作品质量。至于做得好不好，当然由读者评说，希望能得到大家的认可。

这套书一共三本：《咣！炸出一个宇宙》《警告！前方黑洞出没》《时间！你往哪里跑》。三本书涵盖了现代物理学中很大一部分领域的内容，希望对大家有所帮助，希望大家看得高兴，并有所收获。

武子

目　录

= 引言 =

曾经，有一位著名的科学家，在一次演讲中，描述了这样一幅宇宙图景：

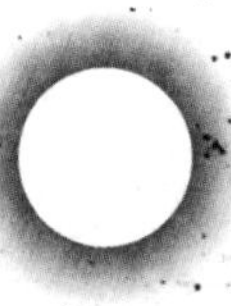

在浩瀚无边的宇宙里，有那么一颗美丽的蓝色星球……

地球——人类的生存家园。

它位于一个叫作太阳系的天体系统中。

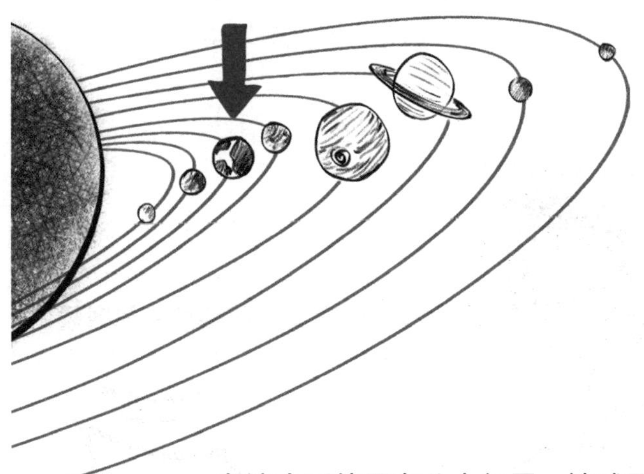

在这个系统里有八大行星，地球只是其中之一；八大行星以太阳为中心周而复始地做着圆周运动。

而太阳系，则处在一个更加宏大的，被称作银河系的恒星集团内部；

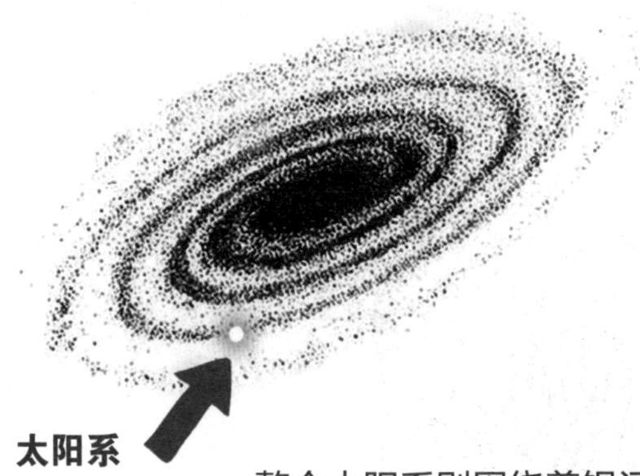

整个太阳系则围绕着银河系的中心同样做着圆周运动。

科学家的描述神秘且生动，他的演讲几乎让在场的所有人心驰神往。就这样，时间一分一秒地流逝，人们沉醉其中。

听了老太太的话，科学家不仅不慌不忙，还露出高傲的微笑。

我来告诉你，
事实是这样的
这只乌龟……

它趴在另一只乌龟背上，
乌龟一只接一只，没有尽头……

……

这是霍金在《时间简史》开篇讲给我们的故事，用以引发人们对于宇宙的想象。

今天，我猜大多数人听完这个故事后的反应会是：一个无限乌龟塔的宇宙，那只能出现在睡前讲给孩子听的神话故事里，现实中，宇宙绝不可能是那样的。

可是，如果我们静下心来，反过来仔细想一想呢？我们凭什么这么肯定？我们哪来的这种自信？人类对于这个世界究竟了解多少？

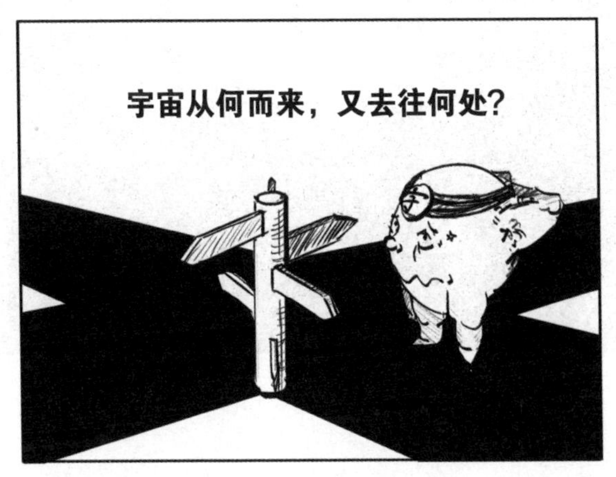

它有没有开端?
pai

会不会有结束的一天?
Game Over

“时间”到底是个什么东西？

“空间”有没有可能是无限的？

这些问题自古以来悬而未决，几千年来始终不清不楚。不过，近几十年来，物理学的快速发展，或许能为寻找这些问题的答案提供一些线索。

第 1 章

站在地球上，抬头看宇宙

随着时代的发展，人类对于宇宙的认识不断发生着变化。从托勒密到哥白尼，从伽利略到牛顿，我们的宇宙观被一次次刷新。

科学的出现让人类开始尝试用数学工具去解释并预测宇宙中发生的各种现象。到目前为止，我们获得了很多成果。科学的终极目标是找到一个完美的理论，可以用来描述从宏观到微观，以及所有宇宙中发生的事件。直到今天，我们仍然在朝着这个目标不断前行。

第 1 节　太阳和地球，到底谁才是 C 位主咖？

公元前 340 年，希腊哲学家，世界公认的人类古代最强大脑之一。

呲！炸出一个宇宙

凭借其非凡的洞察力，先于同时代所有人，首先想到一个问题：

智者跟普通人的区别在于，他们不会随意开脑洞，想到点啥张嘴就来。亚里士多德会生出这样的念头，必然有他的理由。

第一，如果月食是地球落在月亮上的影子形成的，那么，这个影子为什么总是圆形的呢？

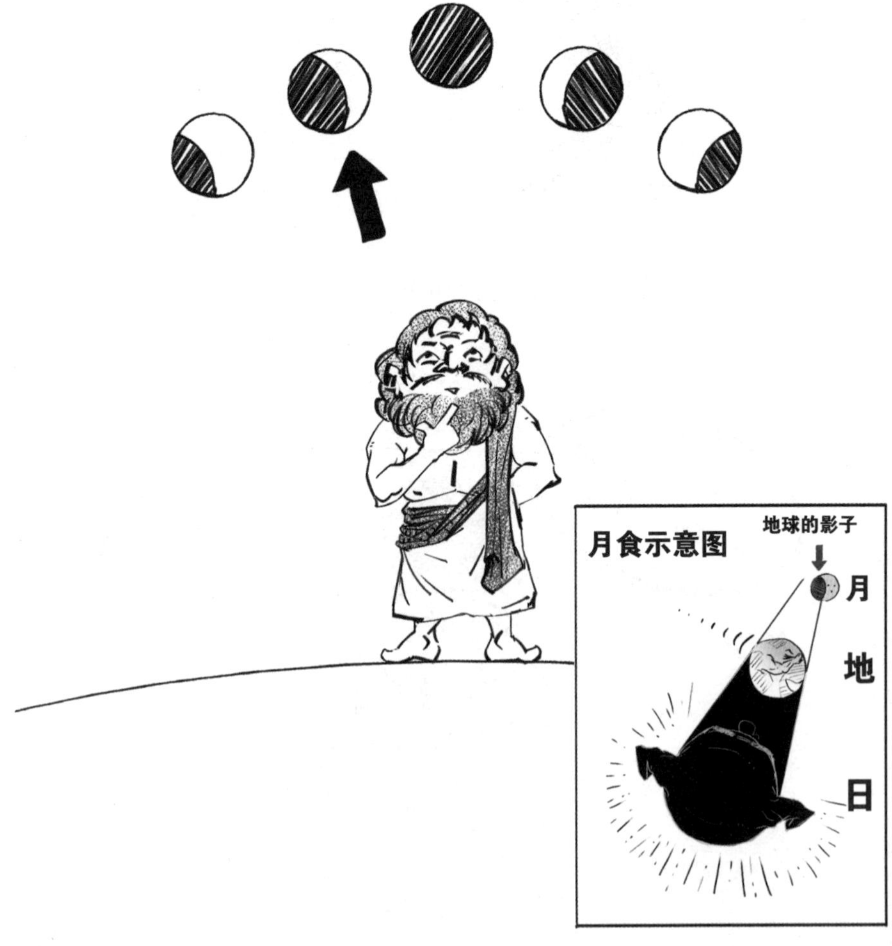

第二，你看天上那颗星星没有，为什么我越往南走，它在天空中的位置就越低（离地平线越近）呢？

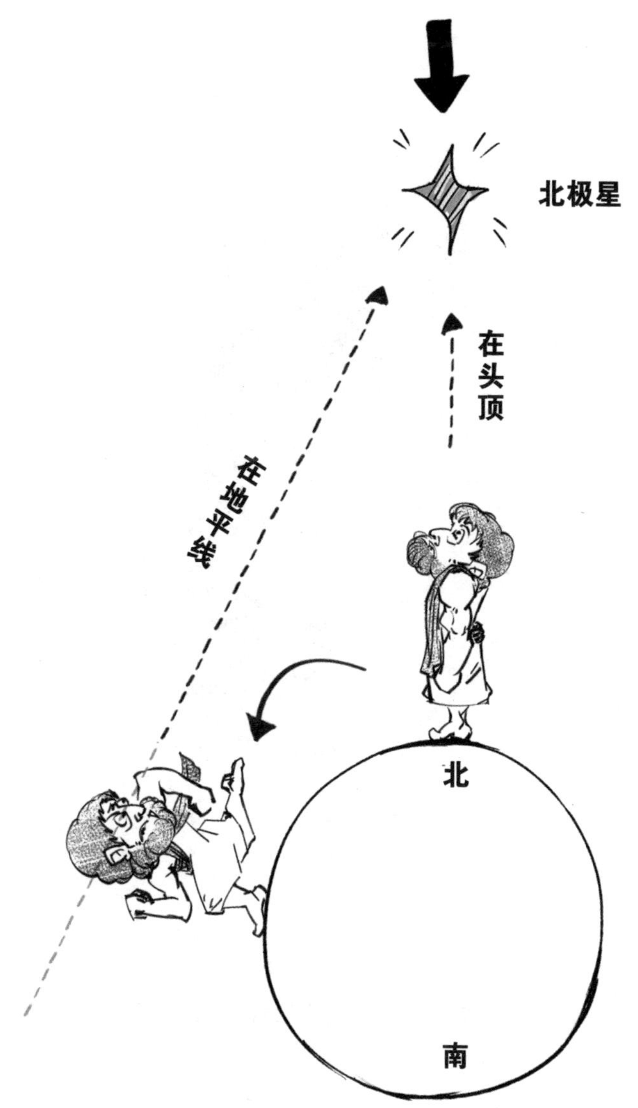

大胡子思来想去，貌似只有把脚下的大地，看成一个球，这事才说得通吧……

不得不佩服，先哲的思想，走在了时代的最前沿！

不过那个时候，在亚里士多德的脑子里，宇宙的图像是这样的：地球是宇宙里的大哥大，它坐在宇宙正中间一动不动，太阳、星星、月亮啥的都是小弟，它们围着地球画圈，轨道是正圆。

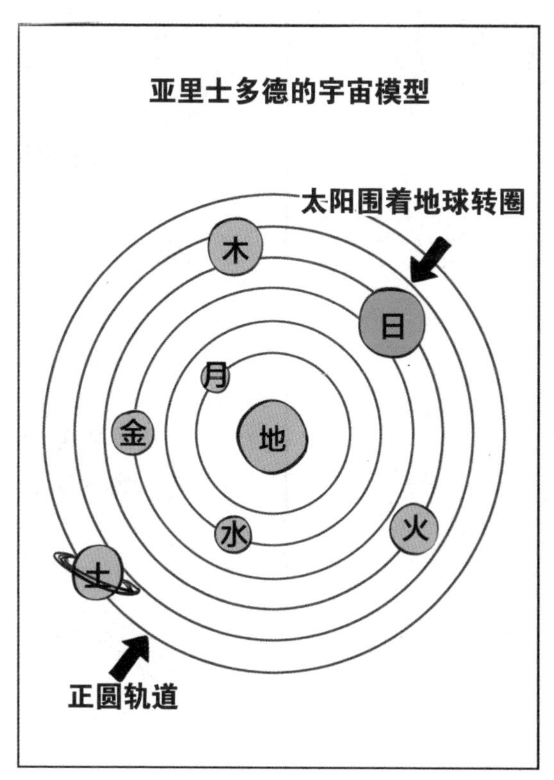

时代发展，思想进步，公元2世纪，人类历史上另一位最强大脑出场了，他就是——**克罗狄斯·托勒密**。

托勒密完善了亚里士多德的思想，并把它打造成了一个完整的宇宙模型。

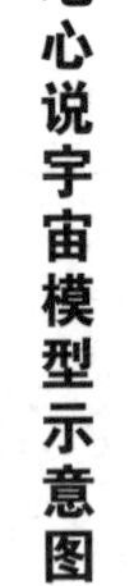

恒星天

除了太阳所有行星绕着小圈转。

小圈围着地球绕大圈。

所有大圈还要每天被恒星天拖着转上一圈。

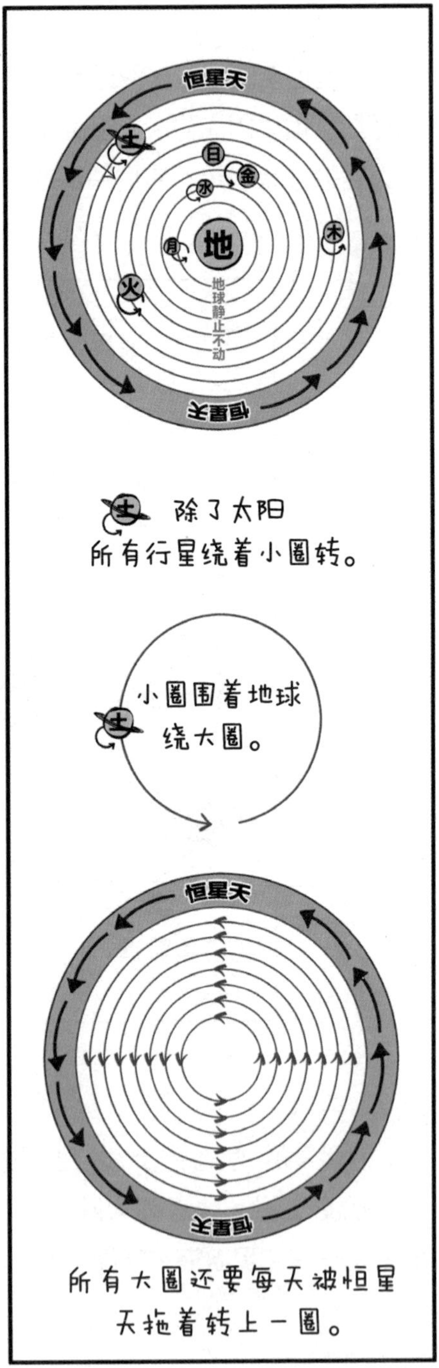

托勒密尝试用这个模型解释人们看到的各种天文现象，你还别说，真挺好使。这天上各种星星各种乱跑，托勒密都能给解释个前前后后，说得头头是道。

于是地心说模型被写进了教科书，在此后长达 15 个世纪的岁月里，被人们奉为描述宇宙运行的第一权威。

不过遗憾的是，托勒密模型有一个小瑕疵：为什么我们每天起夜上厕所的时候，抬头看月亮……

月亮有的时候小，

有的时候大呢？

对此，托勒密并不能做出很好的解释。

尽管模型并不完美，但托勒密还是成功收获了大把粉丝。

很显然，地心说模型能够迅速走红，这背后肯定存在着某些特别的原因。没错，谁让它得到了天主教平台方的流量支持呢？

大概托勒密自己也不曾想到，他设计的玩具，恰到好处地击中了教皇那个老家伙的兴奋点，恒星天内存在第一推动。

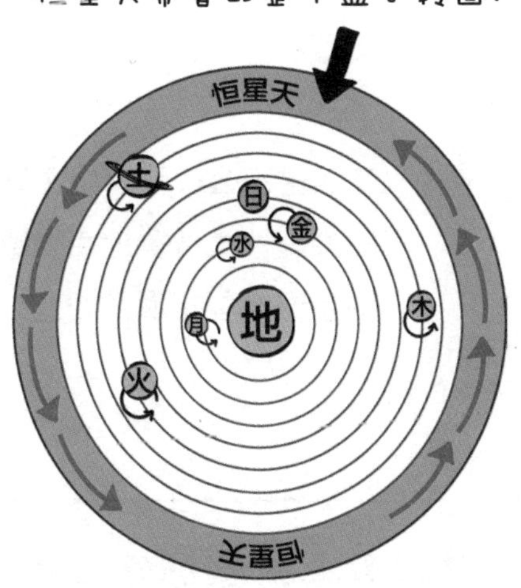

你看这不巧了嘛！俺们《圣经》里头，一直说来说去那个上帝的办公场所——“天堂”正好需要一个注册地址呢！

时间来到 1514 年，地球上一个叫作波兰的国家里，冒出个神父叫哥白尼。这家伙是个问题人物，他一边领着教会的薪水，一边拆台。他觉得托勒密那个模型实在太乱太复杂，一点都不优雅，宇宙模型应该越简单越好。

这不么，我手里正好有个很傻很天真的模型，大伙凑近点瞅瞅。那一天，日心说宇宙模型初现江湖。

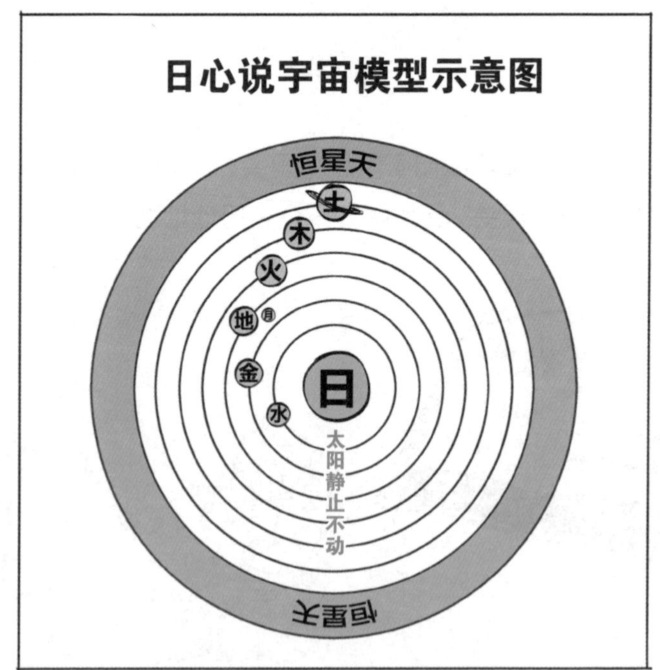

不过，教士出身的哥白尼显然懂得一个道理——为人处世得低调，毕竟教皇不好惹，哪天要是他一不高兴发起脾气来，那是要出人命的。

所以，哥白尼只敢偷偷摸摸搞点小动作，发个朋友圈都必须换小号……

因此，在当时，听说过日心说的人其实并不多；直到100年后，这个模型才由于获得两位知名博主的点赞和转发被世人所熟知。这两位大咖，一个叫伽利略，另一个叫开普勒，相信对科学史稍有了解的同学对这俩名字肯定不陌生。

伽利略

开普勒

伽利略心灵手巧，喜欢做手工，经常在家 DIY，有一天发明出了一个奇怪的装置，据说能把老远老远以外的画面看得一清二楚。于是他给这个装置起名叫——望远镜。

伽利略一看就不懂生活，手里拿着望远镜，不看美丽的风景，非要看木星……

这一看不要紧，结果让他瞅见了一件奇怪的事：

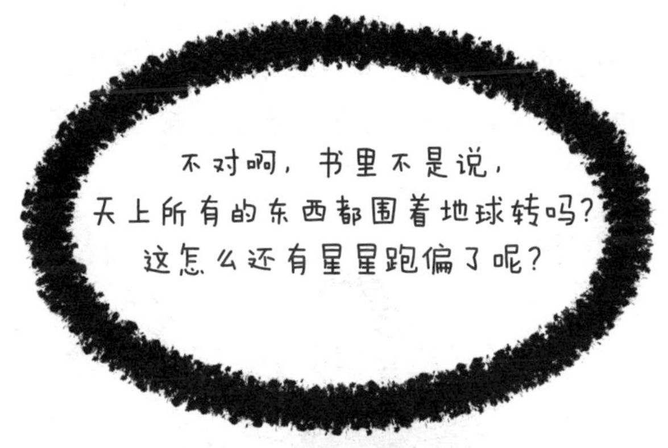

从那天开始，伽利略不再认同托勒密，转成了哥白尼的追随者，公开支持日心说模型。

再说那个开普勒，智商超高，脑子贼快，算术几何两手抓，由于开创性地发现了行星运动三大定律，被后人尊称为“天空立法者”！

不幸的是，此人终其一生穷困潦倒，晚年命运更是悲惨得让人不忍直视，他为英国王室辛勤工作几十载却一直被拖欠工资，59 岁高龄仍被迫走上艰难无比的讨薪之路。结果最终就死在前去讨薪的途中，是典型的悲剧科学家。

当年他对哥白尼模型情有独钟，不但力挺日心说，并且对它进行了升级改造。

行星的确是围着太阳画圈的，但是画出来的那个圈，并不是一直以来人们认为的完美正圆，而是一个椭圆。

谁曾想，就是这个听上去并不完美的椭圆轨道模型所做出的预言，居然与天文观测结果一致到不要不要的！

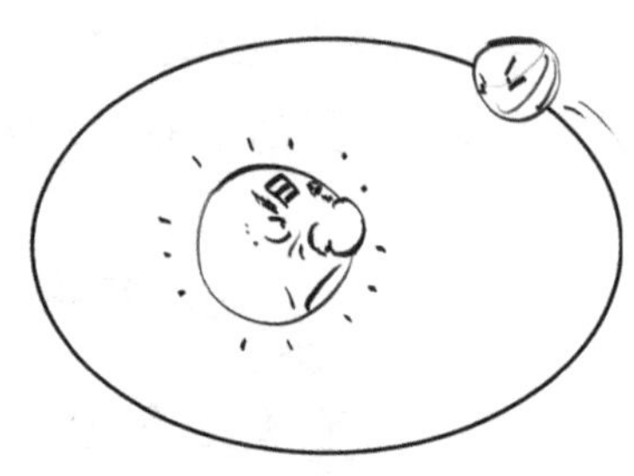

一个发现木星卫星；

另一个完善椭圆轨道；

同时获得 17 世纪两位知名博主的共同加持后，日心说不仅简洁优美，朴实无华，还能精准预测，指哪打哪，俨然一副后来者居上的姿态。

1609 年，由于无可辩驳的观测证据，地心说，在矜持了将近 2000 年后，最终无奈饮恨打出 GG*，从此退出天文学历史舞台。

* 注：GG 为 Good Game 简写，多用于网络对战游戏中，表示投降的意思。

然而，尽管开普勒的椭圆轨道模型精准到令人咋舌，但这其实只能算是一种基于观测数据的经验总结，并非理论预测。就像猜中了悬疑电影里的杀人凶手，却没能拆穿他的作案手法。

关于行星轨道为何不是一个完美的正圆，这背后更深层的原因，开普勒并没能给出证明，它是某种自然定律导致的必然结果。

当时间来到 1687 年，一切终于水落石出了。因为在这一年，一个叫艾萨克·牛顿的英国人出版了一本旷世奇书——《自然哲学的数学原理》！

在这本书里，牛顿向人类系统地展示出，物体在时间和空间中遵循着怎样的一种运动规律。

不但如此，如果你还想知道更多的细节，比如物体运动的速度大小，运动前后所在的具体位置等信息，牛顿都能掰着手指头，一五一十地给你算出来！

碰到实在算不出来的，牛顿就开发新的数学工具，没错，就是这么厉害，于是，微积分被发明了出来。

关于微积分的发明人这事是有争议的，有人说是牛顿，有人说是莱布尼茨，两人为此还打了很长时间的官司。

咱这就不讨论了吧。

不光如此，牛顿还打造了人类科学史上，第一件史诗级“神器”！

万有引力定律！

世间万物皆有引力，
质量越大，引力越大，距离越远，引力越小。

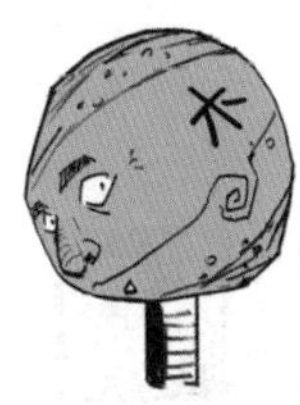

无论天上的行星，

还是树上的苹果，

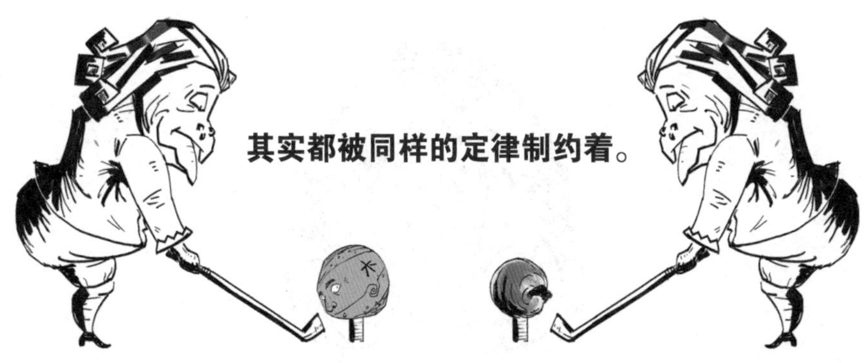

其实都被同样的定律制约着。

在万有引力定律下，开普勒解释不了的，行星运动椭圆轨道问题，被牛顿直接用数学推导了出来。

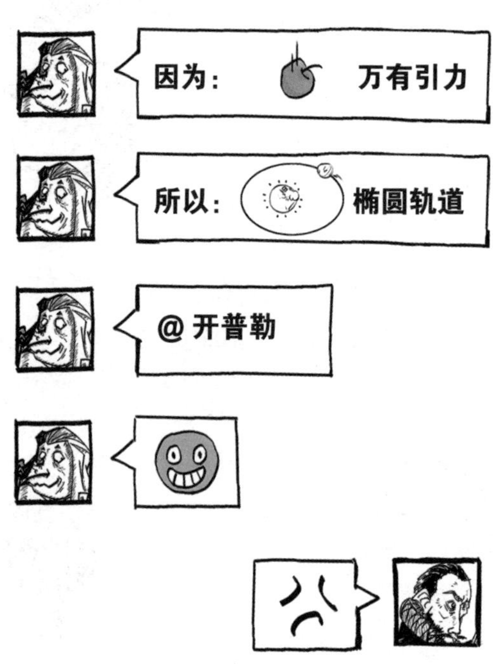

后人把牛顿封神一点都不过分，事实上正是他的伟大成就才开创了现代科学，只不过，大神其实也有烦恼……

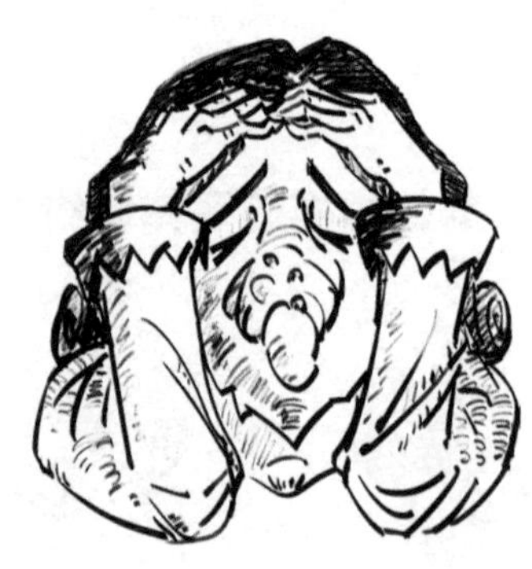

第 2 节　宇宙一直就在那里，还是有一个开端？

按照万有引力的说法，世间万物都是相互吸引的，那么在引力作用下，天上的恒星应该往一块扎堆才对。

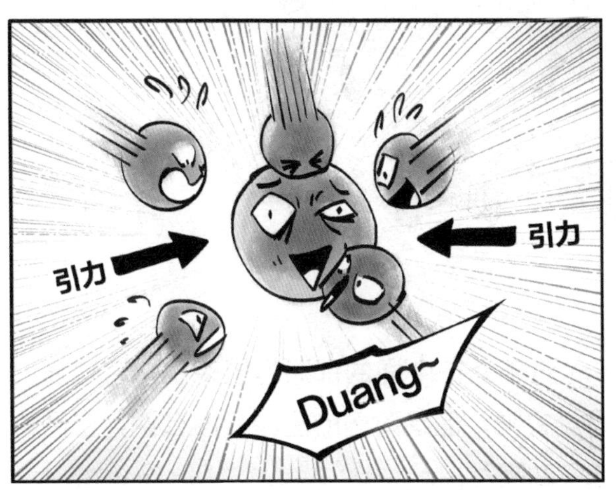

可为什么我们没有看到这种事发生呢？宇宙看上去为什么始终保持着一种稳定的静态呢？

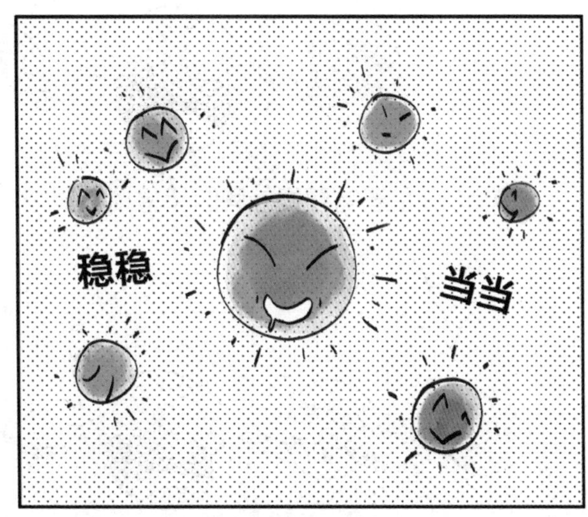

对此，牛顿的解释是这样的：天上的星星之所以看上去不动，是因为它们

所以在那保持着稳定。

对于处在中间的那颗恒星来说，这勉强说得过去吧；但是两边的星星又怎么说？它俩为啥不动呢？

想想应该是还需要更外侧的星星拽着对吧？

那更外侧的星星不动，又怎么解释？很显然还需要更多的星星给打圆场。

于是，在牛顿的宇宙里，只好：

空间无限大，

星星无限多

事实上，如果我们尝试去计算一下就会发现，牛顿的这个无限静态宇宙模型，跟他自己的万有引力公式……

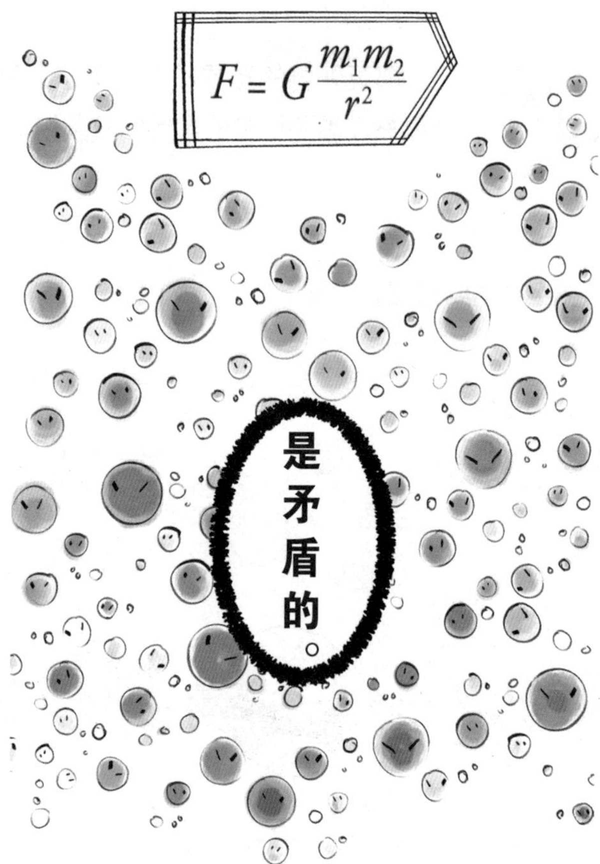

然而，在 20 世纪以前，地球上还没有人胆敢提出动态宇宙的想法，那时没人会相信，宇宙要么膨胀要么收缩，如此“大逆不道”的思想。

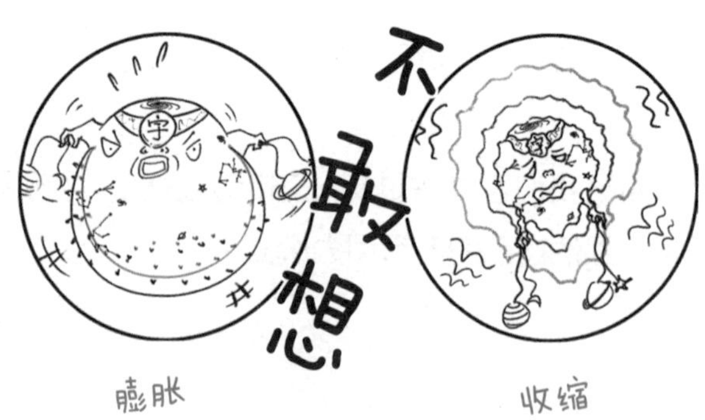

开玩笑！宇宙怎么可能是动态的呢？永恒才是这个世界的真理啊！

当时的人普遍认为，关于宇宙的存在有两种可能：

一种是宇宙已经存在了无限长的时间；

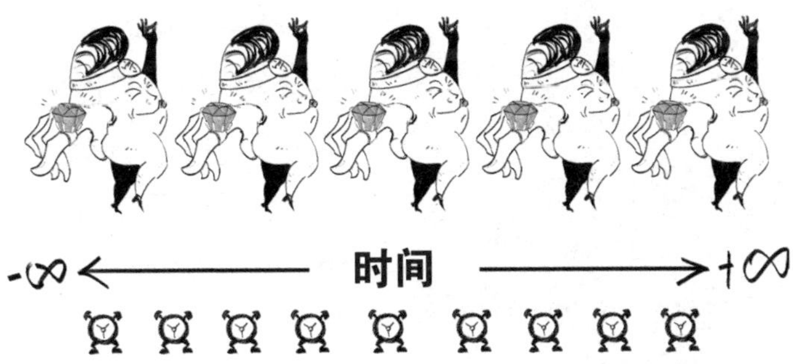

另一种是宇宙存在的时间可能并不太长。

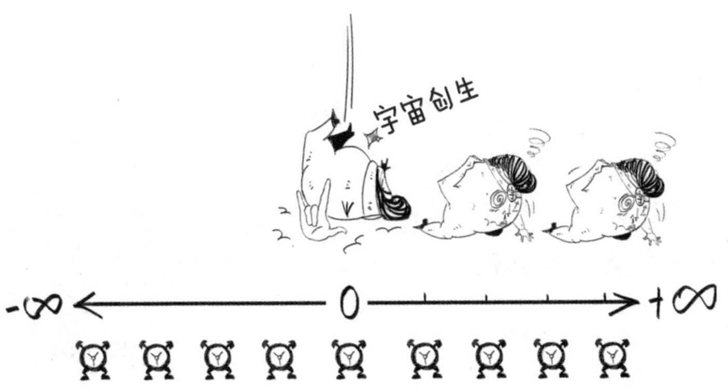

而无论哪种是事实，宇宙都必须是静态的。

今天，我们已经知道，牛顿描述的那个互相拉拽的静态宇宙模型是不可能稳定存在的，只要恒星有哪怕一点点不矜持，但凡稍微挪动一丢丢……

那脆弱的静态平衡，最终就会被无可避免地打破。

不过话说回来，静态宇宙模型也不是压根就没人质疑过。1823 年，德国哲学家奥伯斯就提出了质疑。

他就寻思，静态宇宙听上去感觉不对劲……你看天上那么多星星，它们都像太阳一样发光，如果宇宙像牛顿说的那样，是无限且静态的，那天上就应该有无限的恒星在那发光才对。

既然无限的恒星一起发光，那按理说，不管我们往哪个方向看去，天空不都应该是明亮的吗？

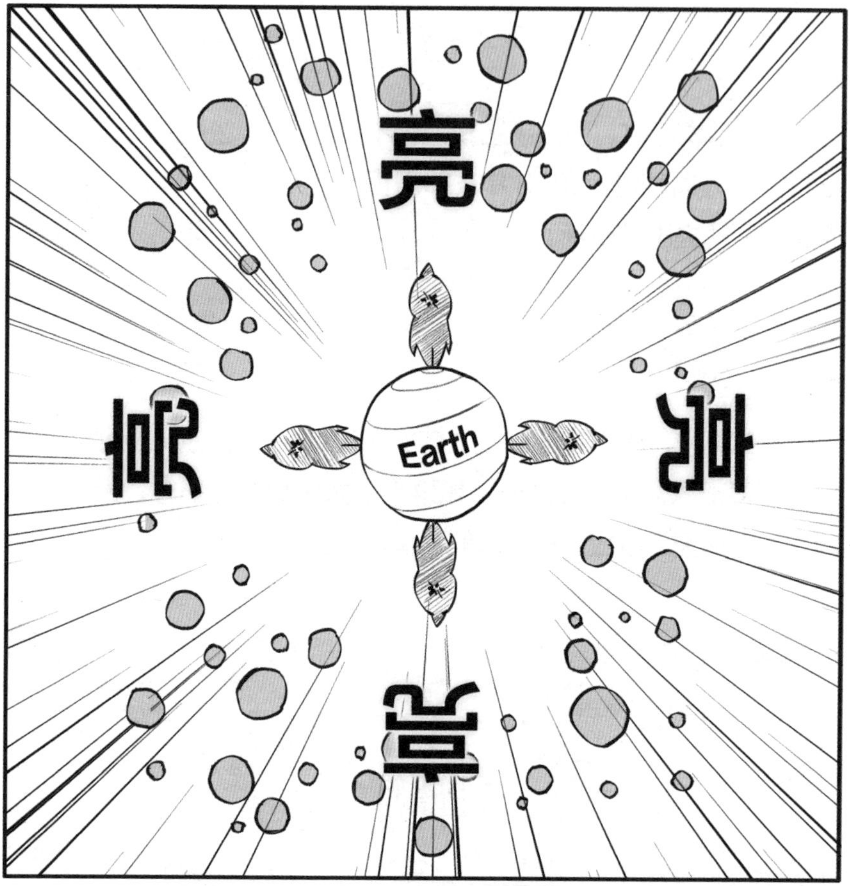

可为什么地球上还会有黑夜出现呢？

这个疑问就是历史上著名的：奥伯斯佯谬。不得不说，奥伯斯突然这么一冒泡，给牛顿宇宙模型带来了不小的麻烦。

为了捍卫无限静态宇宙的观点，人们急忙尝试给出各种解释。一种解释说：虽然天上恒星无限多，但有一部分星光，由于被什么东西给挡住了，因此飞不到地球；

只有那些没被挡住的星光，
飞到了地球，但数量有限；
所以天空才不会一直明亮下去。

这个解释听起来貌似挺靠谱吧，但是很遗憾，它后来被证明是不对的。星光被挡住是有可能的，谁还能保证星星与地球之间没东西呢对吧？

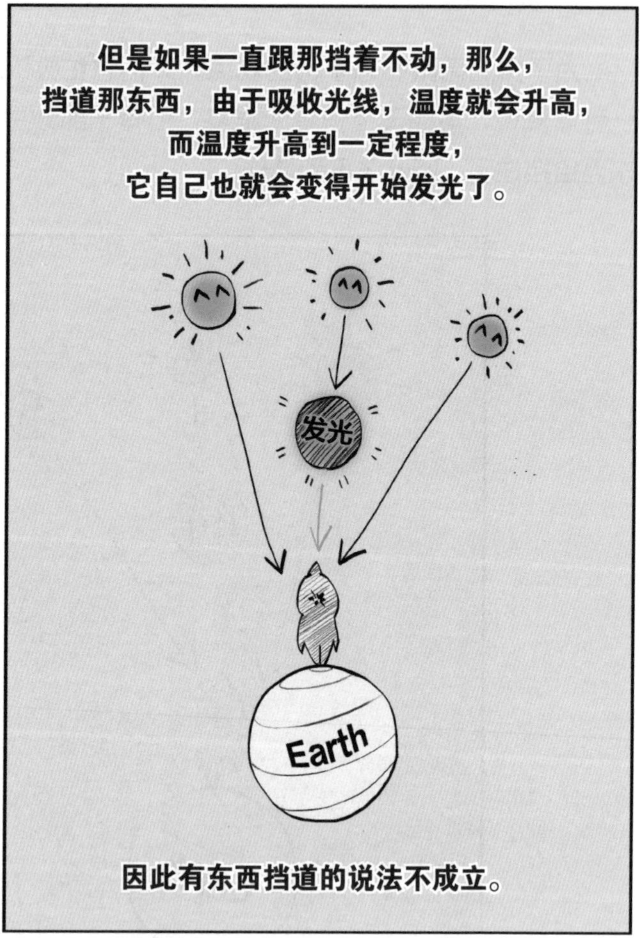

但是如果一直跟那挡着不动，那么，
挡道那东西，由于吸收光线，温度就会升高，
而温度升高到一定程度，
它自己也就会变得开始发光了。

发光

Earth

因此有东西挡道的说法不成立。

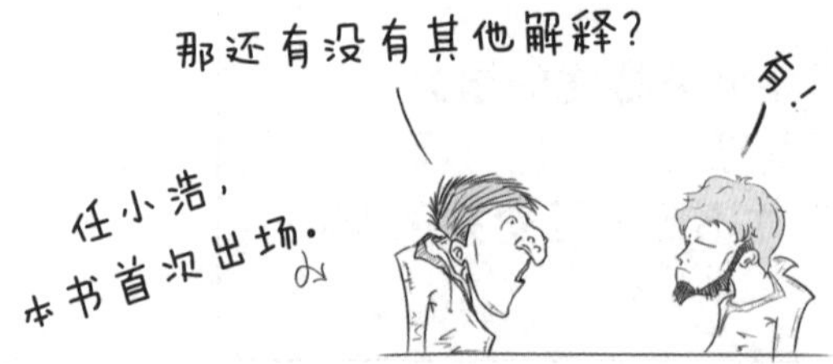

靠谱的解释是这么说的：尽管牛顿的观点认为，宇宙空间无限大，天上恒星无数颗；但是，你想想看，要是这些星星里，有一半是从上星期才刚刚开始发光的呢？

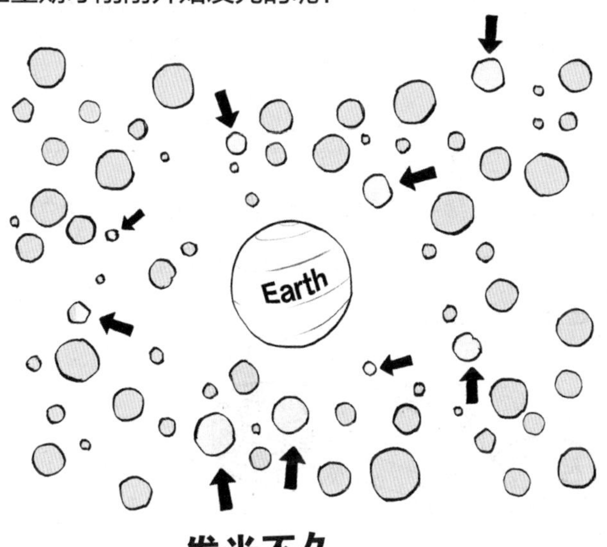

那么它们发出的光线，现在还在半路上，还没来得及飞到地球。这不就解释了，天空为啥不会永远保持明亮了么？

虽然这个说法逻辑上没毛病，但它产生了一个新问题：

既然说有的恒星发光早，有的发光晚，那究竟哪个早，哪个晚，这事谁说了算呢？

思维敏捷的同学，听到这句话，或许已经在思考了。不过咱先别太着急，我们得先掰扯清楚一件事。即使我们能够明确地说出，引起某颗恒星发光的，是某一种东西或某一个物理过程，可是这个问题就被彻底搞清楚了吗？也没有吧……

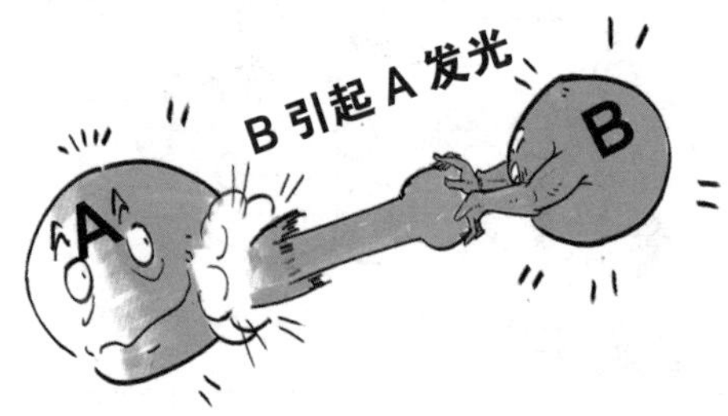

因为我们还得继续说明，引起恒星发光的这个东西，它又是打哪冒出来的呢？

仔细琢磨一下，你就会发现，这事其实可以一直往前倒……

那么，经过 N 多次倒带，这事最终就会倒出一个终极问题：

前面我们提过一次，对于宇宙存在的问题，有两种看法：

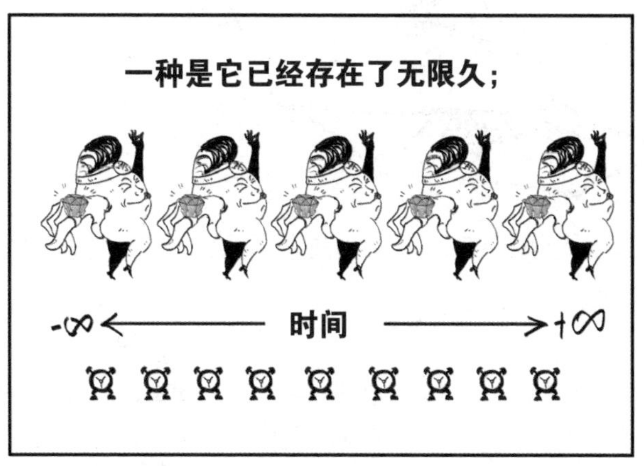

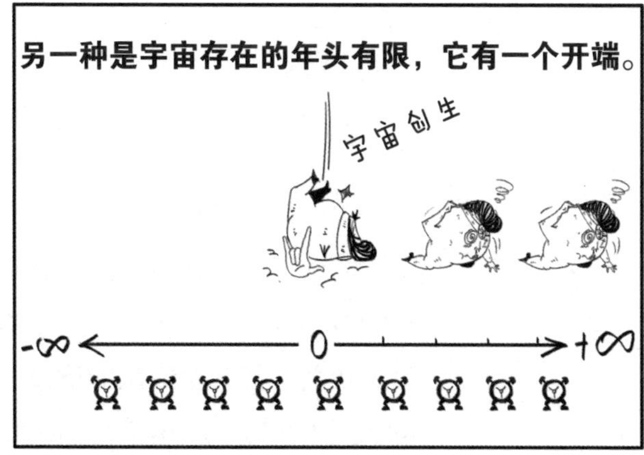

其实在此之前，这个问题人类已经讨论N多年了。比如说犹太教、基督教等，他们都认为宇宙是有开端的。

宇宙不可能存在了无限长的时间，创生其实就发生在过去的某一天，时间上离我们其实不太远。

奥古斯丁，古罗马神学家，在他那本名扬四海的《上帝之城》里就说过，宇宙存在无限久的说法不可信。

奥古斯丁

你想想，时间在流逝，文明在发展，在文明发展的过程中，总会留下点记录啥的，如果宇宙存在了无限久，那老早以前的记录在哪呢？为什么我们没找到？所以，宇宙存在的时间肯定是有限的啊。

可是亚里士多德不这么想，他觉得“创生”这个动作有点太神学化了，听着就闹心。还是让宇宙存在无限长时间，更容易被接受。

可是，闹不闹心是你自己的事，不喜欢“创生”没关系，既然支持宇宙存在无限久的说法，那大胡子你把刚才那个，没有文明记录的事解释解释呗……

于是，聪明的古人脑洞大开，想出了周期性的大洪水。让文明一次次地在灾难中毁灭，冲得啥记录也不剩；然后重启，一切从头来过。

伊曼纽尔·康德

当历史的车轮来到1781年，地球上最负盛名的哲学大咖之一，伊曼纽尔·康德发表了他的旷世神著《纯粹理性批判》

在书中，康德深入思考了有关宇宙、空间、时间的问题。

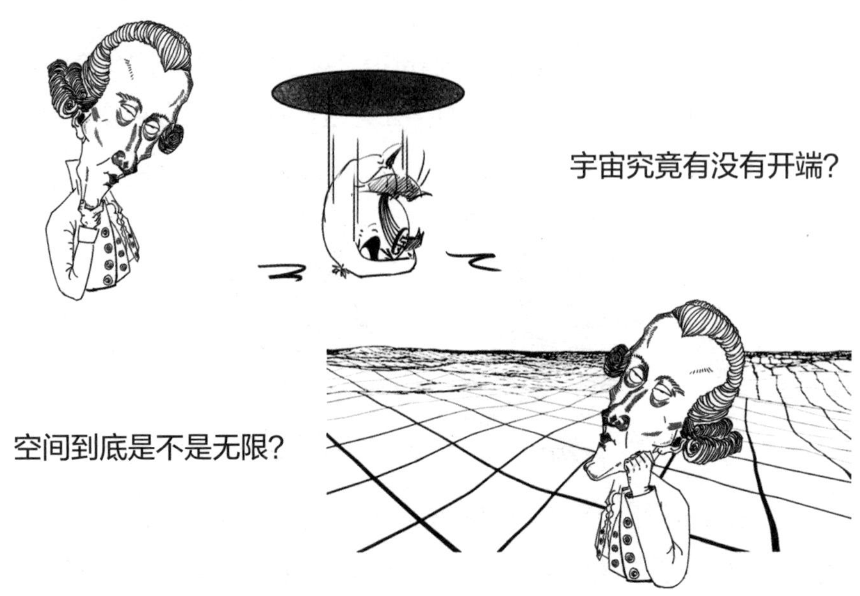

绞尽脑汁思来想去这么多年，眼看头发都熬白了，却死活想不通，无奈之下，康德居然想到，在书中炒作自己的纠结，并且还为此编出一句在普通人看来贼高端的广告语叫：

就这几个字吧，一听就让人来气有没有？怎么，就你是文化人，我们都文盲！整这么神神叨叨，康老头你埋汰谁呢？

不好意思，有点失态了；武子也是看这本书看得上火，您就当我刚才啥也没说哈！

不过咱有啥说啥，就连《时间简史》的作者霍金都忍不住吐槽，《纯粹理性批判》这本书，读起来实在有点晦涩难懂。

所以，为了让大伙能听懂康老头究竟在说什么，武子尝试用另一种亲民的方式来解释一下什么叫“二律背反”，您听听……

话说，有天任小浩不知干了什么错事，被女友拉住问问题……

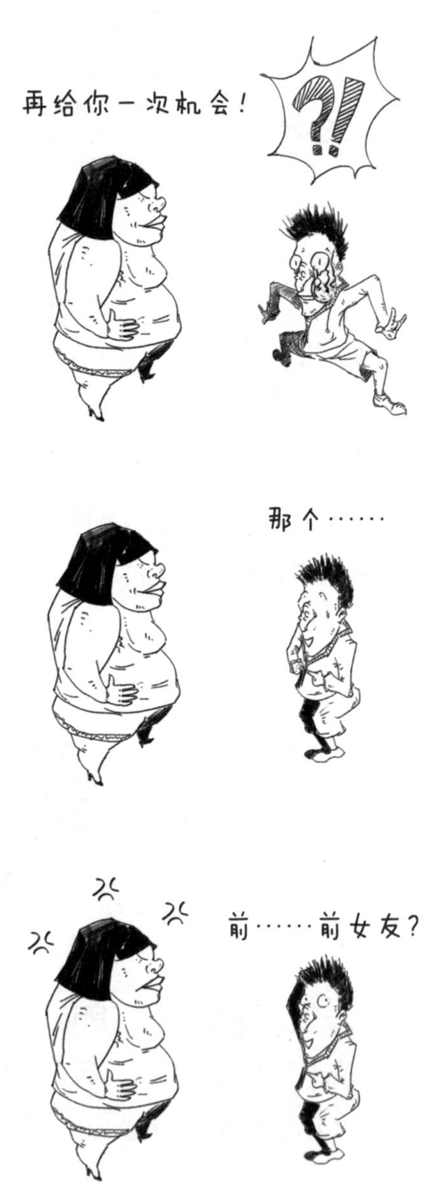

这个故事就叫二律背反。没错，意思就是选哪个都不对，康德遇到的就是这种情况。

从正面说，假如宇宙没有开端，它一直在那待了无限久，那么……

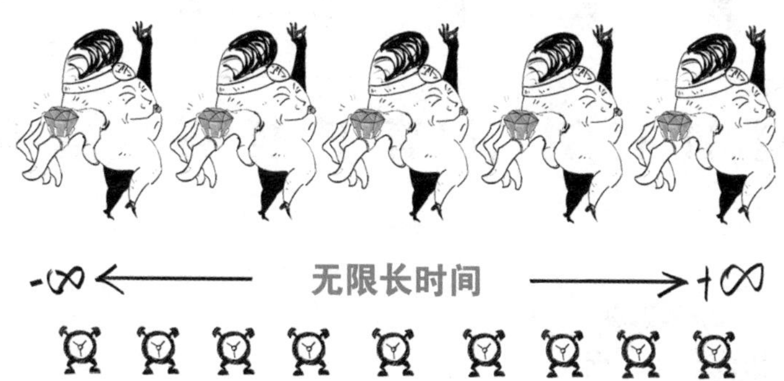

“现在”这一时刻是怎么到来的呢？

谁都知道，“现在”之前叫“过去”我们只有等到“过去”结束的那一天，“现在”才能开始。

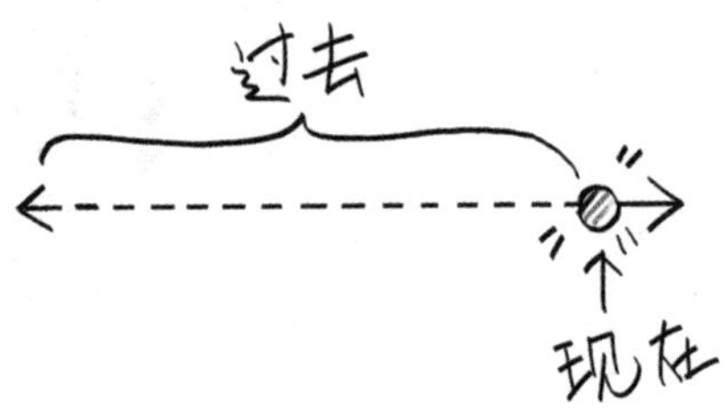

但既然“过去”无限长……

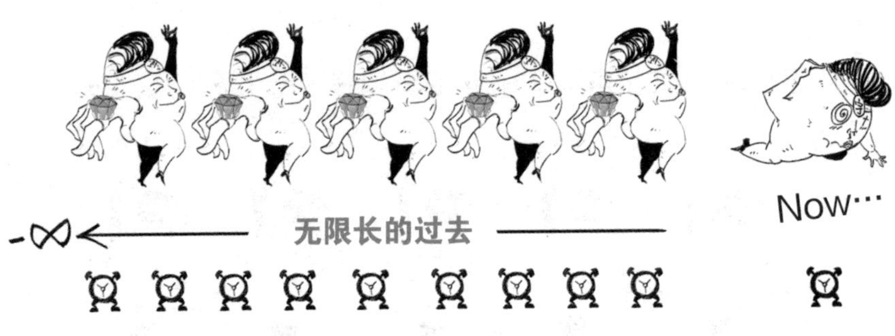

那一个无限长的“过去”怎么可能结束得了呢？

从反面说，假设宇宙有开端呢，那么，如果我们使劲往前倒的话，在开端之前，时间也应该是无限的吧。

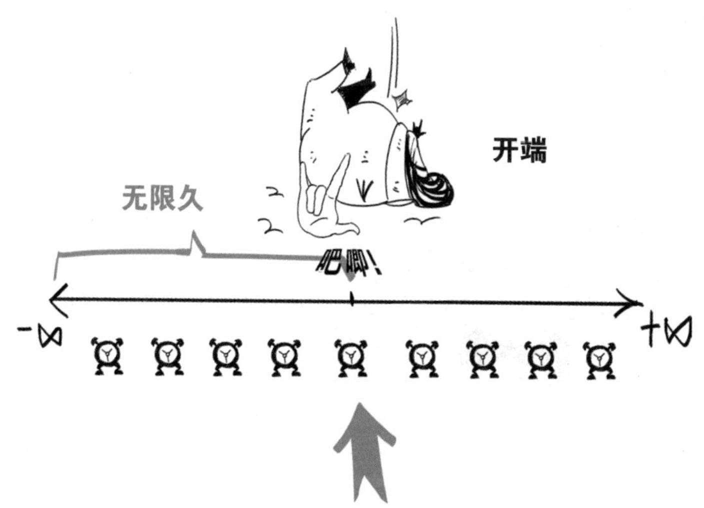

可在无限的时间里，宇宙凭啥就恰好选择在这里开始呢？

大伙看到了吧，就是说，康德认为，宇宙没有开端，这事说不通；有开端，哎呀，居然也说不通！

那这事还怎么往下聊……

这种情况，用一种高端到家的口吻表达出来就叫“纯粹理性的二律背反”。

那么，问题到底出在哪了呢？

这个事，要不我们请刚刚挨过揍的任小浩同学给解释解释吧。

各位男同学请注意，你们以后保不齐也会遇到类似的危机时刻，所以，为了自己的人身安全，请你们务必要记住：

在刚才这个故事里，
一旦你去尝试回答谁更漂亮的问题，
你就已经假设了！

前任女友

是

可以放在一起比较的！

那你不是作死是啥？
活该你挨揍！

而康德假设了，无论宇宙有没有开端，时间都可以无限往回倒。

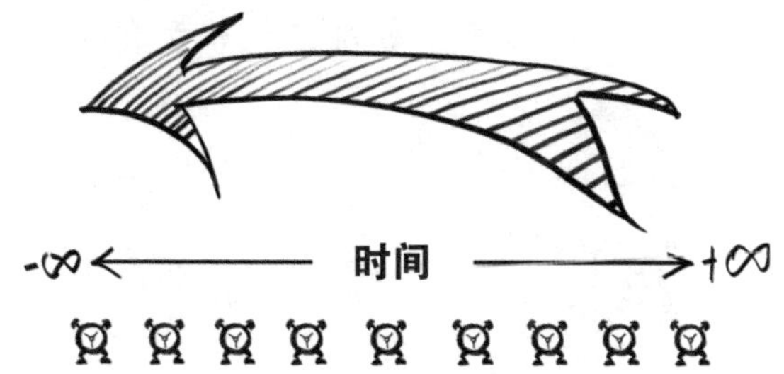

这就是问题所在！
事实上，
在宇宙开端之前，
谈论时间是没有意义的！

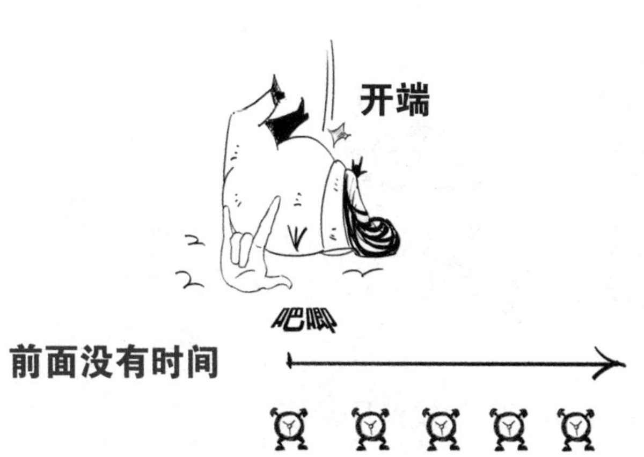

奥古斯丁就曾经被问过这样的问题：

“上帝创世之前在弄啥子？”

在为你们这群，
问这个问题的人准备地狱！

关于这个对话版本，武子在这郑重其事地说，这是谣传！被传了好多年！

奥古斯丁真正的回答是：

时间是宇宙的一个属性，
宇宙开端之前不存在时间。

那么，宇宙究竟有没有开端呢？

=第3节　难不成，宇宙真的在膨胀？=

1929年，一位来自美国的天文学家埃德温·哈勃，在位于威尔逊山天文台200毫米口径望远镜里，找到了星系间正在相互远离的证据！

埃德温·哈勃

也就是说，多年来，人们始终不敢相信的那个动态宇宙图景，竟然是事实。我们的宇宙，居然在膨胀！

这样说来，今天的宇宙比昨天的大，昨天的宇宙比前天大，如果一直往回倒……

没错，现在不用怀疑了，宇宙的的确确有开端！138亿年前，宇宙是在一次大爆炸中被创生出来的！

在那个时刻，宇宙中的所有物质集中于一点，密度无限大，尺寸无限小。所有科学定律在这里失效。在这之前，就算发生过什么，也跟我们没有半毛钱关系。从这一点起，时间开始了。

上面这句话，有些同学可能没听懂，武子具体解释一下。

请你想一想，我们凭什么认为，时间在不停流逝呢？还不是因为我们能够看到身边事物的变化么，比如太阳的东升西落。

如果有一部电影，从头到尾拍的就是一张白纸，什么变化都没有……

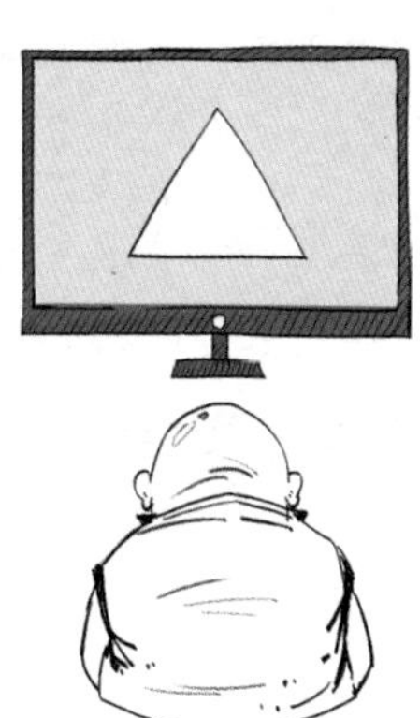

那你是不是根本没办法分辨影片是：

所以说，在一个完全静态的宇宙中，不存在运动和变化，这样，我们就没法去定义“时间”。

因此，如果宇宙是静态的，那么它有没有开端，这事其实就跟我们没有半毛钱关系了。

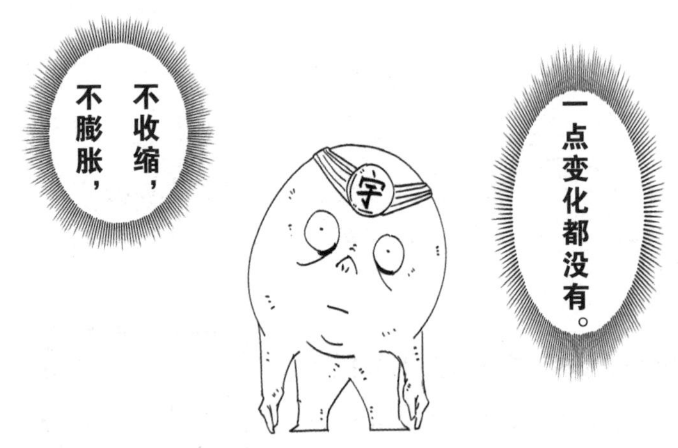

那是哲学家和神学家关心的事，物理学家不用跟着掺和。

但是，在一个膨胀的宇宙中，有运动、有变化。

此时，宇宙存在一个变化的起始点，从那一刻开始，“时间”忽然就有了意义！那么谈论这个动态宇宙的开端，就是物理学家分内的事了。

关于宇宙的这事那事，如果你感兴趣，想了解更多，那你就必须得先弄清楚一个概念：科学理论到底是什么。

简单说呢，科学理论是，人类发明的一种工具。

这种工具可以帮助我们理解世界；好的工具可以解释我们看到的物理现象，并能预测未来。

但必须说清楚的是，再好的理论也只是人类头脑中的发明，并不代表宇宙的真相。并且，任何理论都是临时的，一个理论永远不可能被证明是对的（证实）；但是，它必须有可能被证明是错的（证伪）。

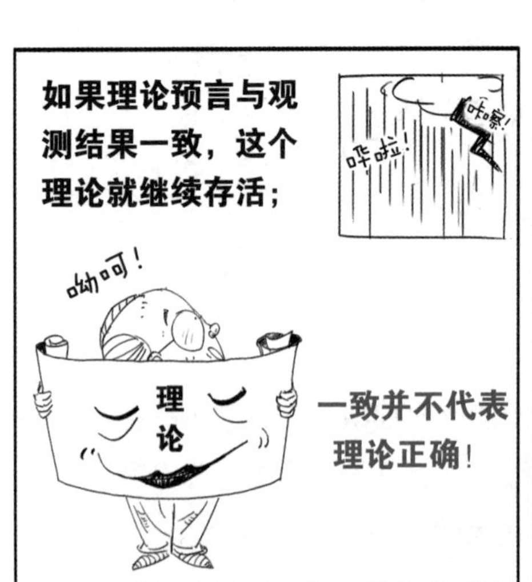

科学的终极目标是发明一种可以描述整个宇宙的理论，今天，人类已经拥有了两个局部理论。

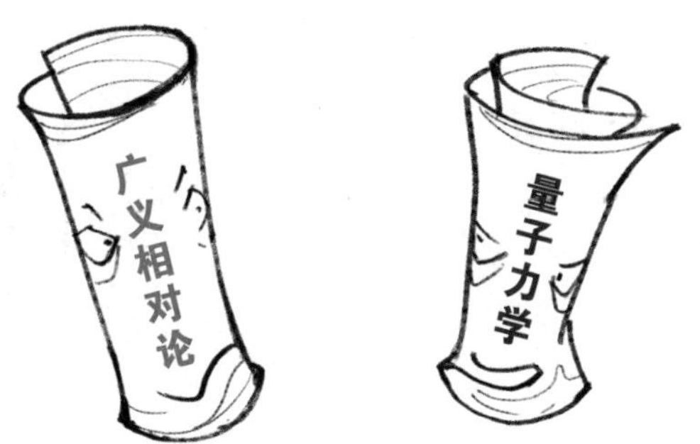

它俩一个负责大尺度物理，另一个掌管小尺度世界，并且两者在各自的领域都干得很出色，但就是不能和睦相处。

我们的目的就是要找到一个，能把这两者撮合在一起的理论。

人们叫它量子引力理论。目前看来，人类离这个目标，可能还有很远很远的一段路要走。

经常会有人问这样的问题：

自文明开始的那一天，人类始终没有停下探索宇宙的脚步，我们并不甘心稀里糊涂地活在这个世界上。就仅仅满足求知欲这一个目的，便已经是足够充分的理由了，所以很显然，答案是：

好奇！

第 2 章

世界总是变化，还是人类认识升级

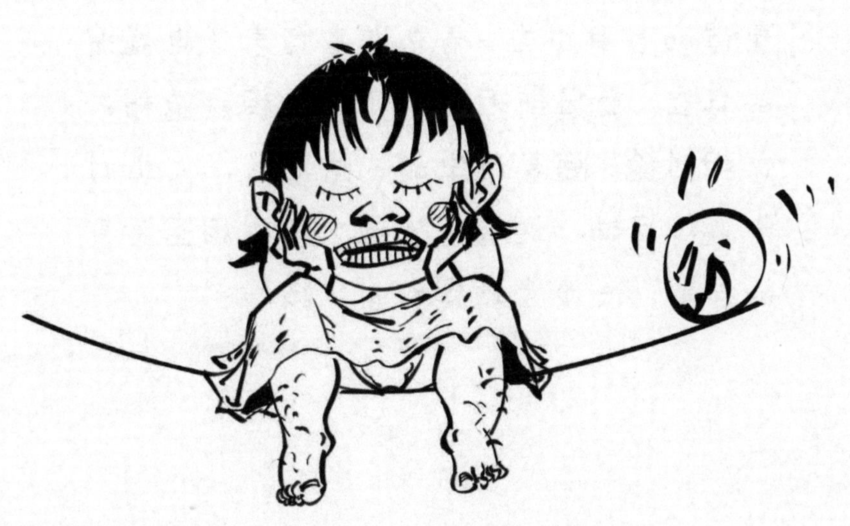

伽利略证明了在自由落体运动中，物体的下落速度与质量无关，由此推翻了亚里士多德的陈旧思想；牛顿发现了运动三定律和万有引力；麦克斯韦预言了电磁波的存在；爱因斯坦提出了狭义相对论和广义相对论；随着科学的不断发展，人类对于力、运动、时间、空间之间的相互关系的理解，一步步地得到了升级。

第 1 节　伽利略在比萨斜塔玩球，这事是真的吗？

早在古希腊时期，亚里士多德就已经对物体的运动进行过深入思考。大胡子认为，世间万物最自然的状态是

静止！

物体只有在受到外力作用时，才会动起来。

也就是说，力是运动的原因，力越大，物体运动得越快。

由此，他得出这样一个结论：由于物体会受到大地的拉力，因此，越重的物体，下落得越快。

在亚里士多德看来，宇宙间所有的运行规律，都可以通过大脑思考来找出答案，没有什么事是必须借助观测来检验的。

由于这个观念在古希腊时期被人们普遍接受，以至于在这之后的很长一段时间里，关于一轻一重两个物体同时下落的问题，是否真的会像亚里士多德所说的那样先后落地，竟然没有人去亲自验证一把看看。

这种纯靠思辨去理解世界的做法，一直要等到历史上那个赫赫有名的科学家——伽利略的出现才得以改变。

一个广为流传的故事是这么说的：某年某月某日，伽利略站在比萨斜塔的顶端，手持一大一小两个不同质量的铁球，塔下站着他的学生。

伽利略伸出双手，将两球置于空中，在某一时刻，他同时快速松开抓住球的手指，让它们开始下落。

当两球经过一段时间的自由落体运动，最终触地时，塔下的学生负责记下它们落地的先后顺序。

实验结果显示，这两个不同质量的铁球，是同时到达地面的。

这个故事最早的记载，出自伽利略的一个学生——维维亚尼所写的伽利略传记当中，伟大的伽利略由此推翻了亚里士多德那陈旧的错误思想。

不得不说，故事讲得绘声绘色，过程描述着实精彩，然而…… 事实真的如此吗？

后世的很多科学史学家在经过对伽利略的大量研究后发现，历史上没有找到任何文献记录可以佐证比萨斜塔实验真实存在过，事实上维维亚尼的记录是这个故事唯一的信息来源。

而他所撰写的伽利略传记中，被后人证明有很大一部分内容存在吹嘘和夸张的成分，其中还包含明显被捏造出来的事件。

因此，对于这个斜塔实验的真实性，史学家大都不以为然。想来，维维亚尼的目的大概是想尽量抬高老师的形象吧。

然而，即便比萨斜塔实验听上去不足为信，但伽利略的的确确做过等效的实验这倒不假。

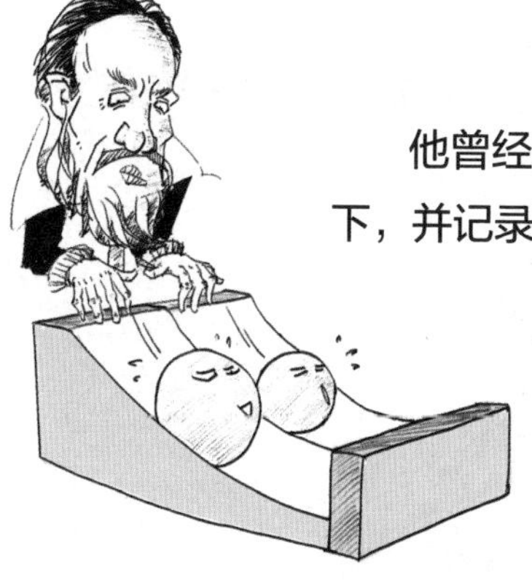

他曾经把不同质量的球，沿着相同的滑道滑下，并记录到达终点的时间。

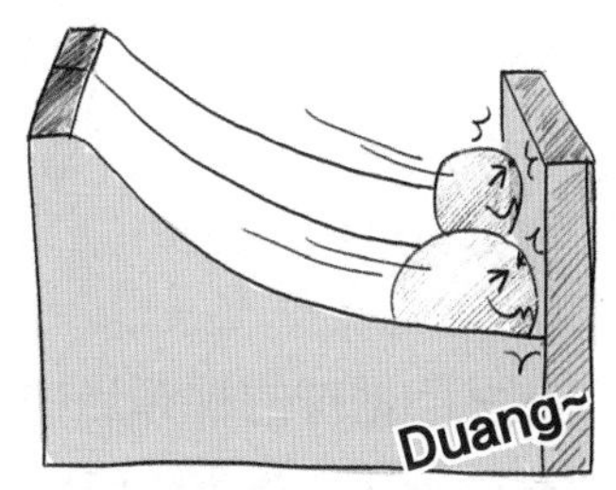

测量结果显示，不同的球确实同时到达了滑道的终点。这就充分证明了亚里士多德的理论当真出了问题。

现在我们都知道，自由落体运动中，物体下落的速度跟质量没有关系，一片羽毛和一个锤子理论上应当同时落地才对。

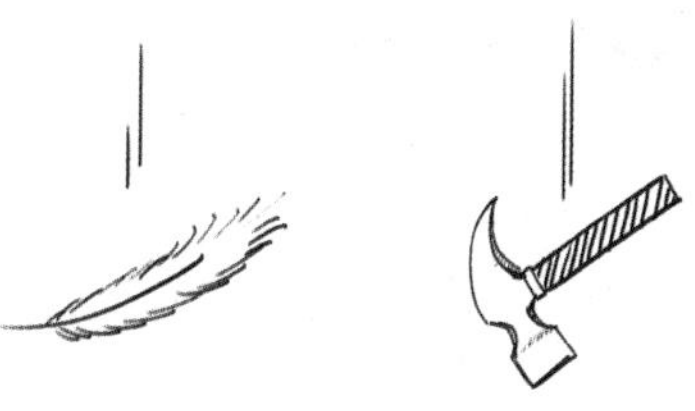

如果你亲自做过这个实验，却发现结果并非如此，羽毛落地较晚，那其实是因为空气阻力的存在影响了它的下落速度。

20 世纪中期，宇航员戴维·斯科特站在几乎没有空气阻力的月球表面完成了这个实验。

在发回地球的视频当中，我们看到，那片薄薄的羽毛和那看似沉甸甸的锤子，真真切切是同时放开，同步下落，并同时着地的。

伽利略对于运动的理解显然启发了后来的牛顿。事实上，在经典物理的黄金年代，牛顿那辉煌雄伟的运动三定律，正是在伽利略的理论基础上建立起来的。

1687 年，牛顿在他那巨著《自然哲学的数学原理》中指出，力不是运动的来源，维持运动不需要力，物体在不受力的情况下，要么以不变的速度一直向前运动，要么就老老实实处在静止状态当中。

牛顿还指出，对于一个物体来说，力起到的真正作用是改变物体的运动速度。

在物理上，表示物体速度变化快慢的量叫

a 越大，物体速度变化就越剧烈。而 *a* 的大小取决于

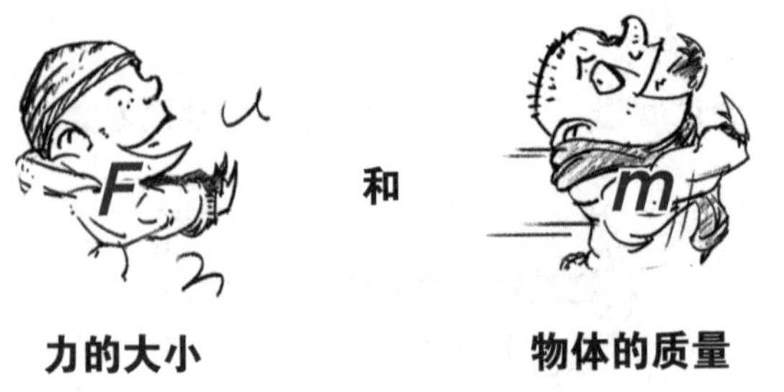

具体到定量的计算，就要用到那个在今天看来任何一名中学生都能够轻松默写的力学公式：

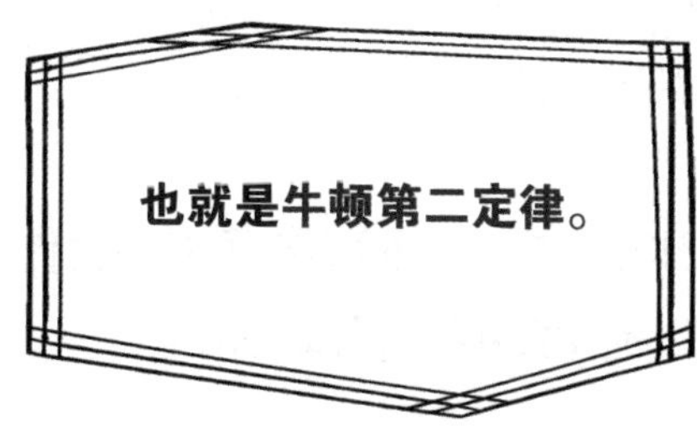

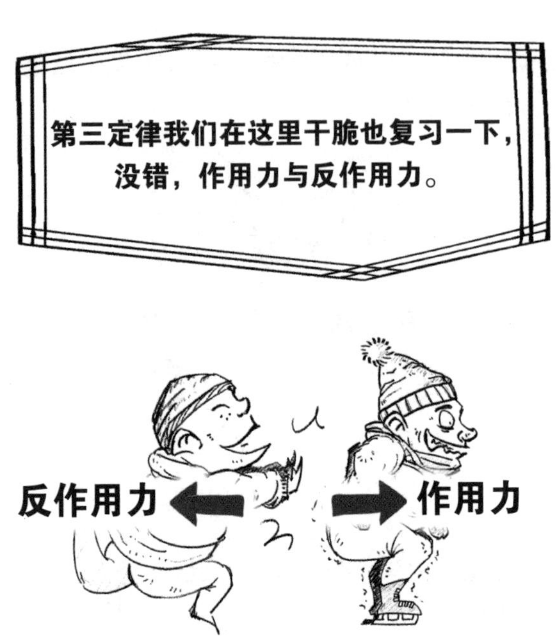

两个物体相互作用，它们之间的作用力和反作用力总是大小相等，方向相反，第三定律其实比较好理解。

当然了，除了伟大的运动三定律，牛顿的另一个伟大的发现必然要数万有引力定律了。

世间万物皆吸引，任何两个物体之间都存在着一种隐形的、迫使它们相互靠近的神秘力量，只要物体拥有质量，引力就一定在那。

质量越大，引力越大，
距离越远，引力越小。

作为第一位用数学系统地描述宇宙运行规律的伟大科学家，其拥有“现代物理学之父”的昵称，牛顿当之无愧。

牛顿的公式简洁优美，逻辑自洽，在他的理论框架内，人们对于时间和空间的理解，有了一个在当时看来，较为清晰的认识。

如果比较一下，我们很容易就会发现，牛顿的理论与亚里士多德的理论有根本区别。大胡子认为，世界上存在着一种特殊的物理状态，这种状态叫作

只要没有外力作用，一个人就会处在绝对的静止当中。

如果 A 处在静止状态

而 B 处在非静止状态

这时候，他们两个做相同的物理实验，就会得到不一样的结果。

而牛顿认为，宇宙里没有什么绝对的“静止”。

如果站在 A 的视角：

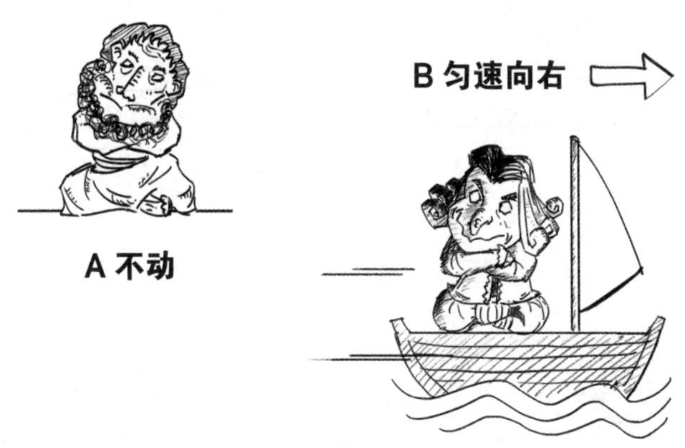

同一个过程，站在 B 的视角，也可以看成：

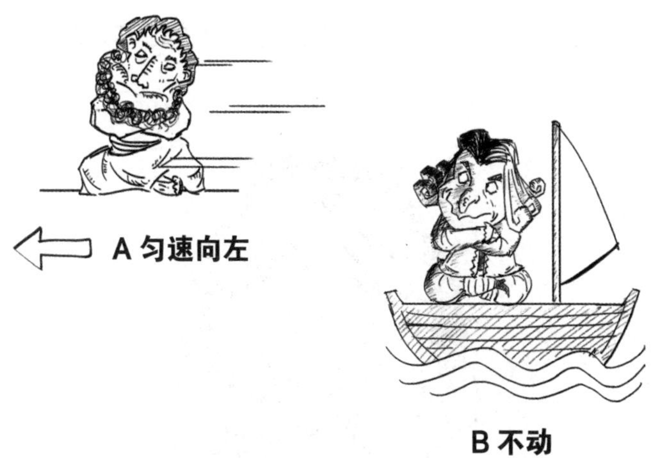

假如 A 和 B 做相同的物理实验，实验结果肯定是一样一样的。

不存在“绝对静止”的意思就是说，宇宙中，没有谁的物理地位看上去是与众不同的。

历史已经证明，自 17 世纪以来，牛顿理论大获全胜，亚里士多德的思想早已成为过去时。然而，让人啼笑皆非的是，尽管牛顿理论天生就怀揣着“众生平等”的潜台词，然而他本人却为此感到十分忧虑。

让牛顿坐立不安的理由是，这一观点似乎暗示着，我们的宇宙，或许并不需要一位万能的造物主存在……

这可不是牛顿想要看到的结果。

要知道，在牛顿传奇的一生当中，只有大约 1/3 的时间被他用来思考物理问题，而另外 2/3 的时间则花在了研究神学和琢磨炼金术上。

人呐，不能总是不务正业，物理那只能算是消遣，乐呵乐呵就得了，神学才是正儿八经的工作，咱不能耽误了。

牛大神这种三心二意的科学态度，再配上他那伟大的物理成就，不禁让我等感慨不已啊，都是爹生娘养，四肢健全，生活在同一个星球上的同一种生物，人和人之间的差距，

咋就这么大呢！

尽管对于物体在空间中运动的理解存在着分歧，不过关于时间的问题，牛顿和亚里士多德的想法却是一致的。“时间”是绝对的，它的流逝速度对每个人来说都一样，宇宙有一个统一的标准钟，我们大家实际上都用这一个钟看点儿。

你的 1 秒和我的 1 秒没有丝毫的区别，倘若有人尝试记录宇宙中两个事件之间的时间间隔，那么，如果 A 的表走过了 5 分钟，B 的表必然也走过了 5 分钟，只要他们的表没有故障并且足够精确。

这种思想叫作“绝对时间”！

其实仅仅过去了 20 秒……

这个动作叫平板支撑，
据说减肥效果相当好，
普通人坚持 3 分钟会很辛苦。

从公元前 4 世纪到公元后 19 世纪，“绝对时间”的观念统治了人类世界长达 2000 多年的岁月。甚至到今天，仍然有人相信这个说法。

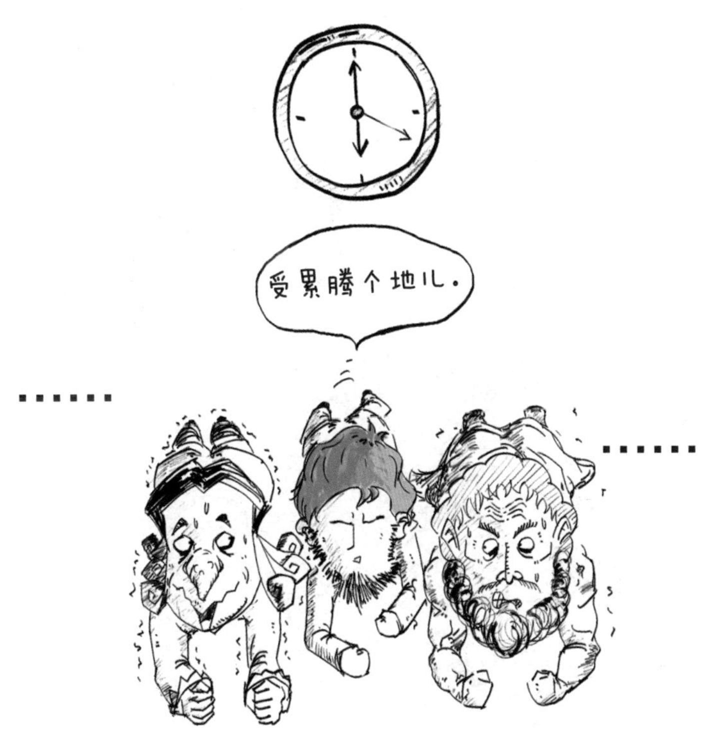

然而，事实证明，这只不过是人类的一种错觉罢了，它是由人们日常经验形成的一种根深蒂固的观念。自 20 世纪以来，越来越多的实验已经证明，时间的流逝速度，对每个人来说是不同的。

而众所周知，帮助全人类冲破思维枷锁，最终走出井底的人，他的名字叫——阿尔伯特·爱因斯坦。

1905 年，一篇名为《论运动物体的电动力学》（后来被粉丝起了个外号叫“狭义相对论”）的论文问世，就像是划过天空的闪电预示着暴风雨即将到来。年仅 26 岁的爱因斯坦用这篇论文昭示天下，物理学，即将经历一场前所未有的天崩地裂，排山倒海！

绝对时间？
那是扯淡！
这货什么鬼？！

=第2节　光速不变怎么了？不变不行么？=

狭义相对论的故事说来话长，我们不妨把它讲得尽量生动一点。1676年，丹麦天文学家罗默通过对木星卫星的观测，证实了一件事——光速有限；1865年，英国物理学家麦克斯韦实现了物理学中电和磁的统一；

詹姆斯·克拉克·麦克斯韦

并预言了电场和磁场之间的亲密关系将会制造出一种周期性的物理现象。

它就好比石子掉进水中引起的水波那样四散开去，其传播速度固定——约 30 万千米 / 秒。光——就是一种电磁波。

无疑，麦克斯韦是一位伟大的天才，他笔下的方程仿佛像是神明谱写的诗歌一般，让每一位看到它的物理学家为之沉醉。

只可惜天妒英才，1879 年，年仅 49 岁的“电磁王”因癌症不幸早早便离开了这个世界，而由他的名字命名的，那注定名垂青史的麦克斯韦方程组，作为留给人类的最后礼物，象征着科学之美的典范，被后人一次又一次顶礼膜拜。

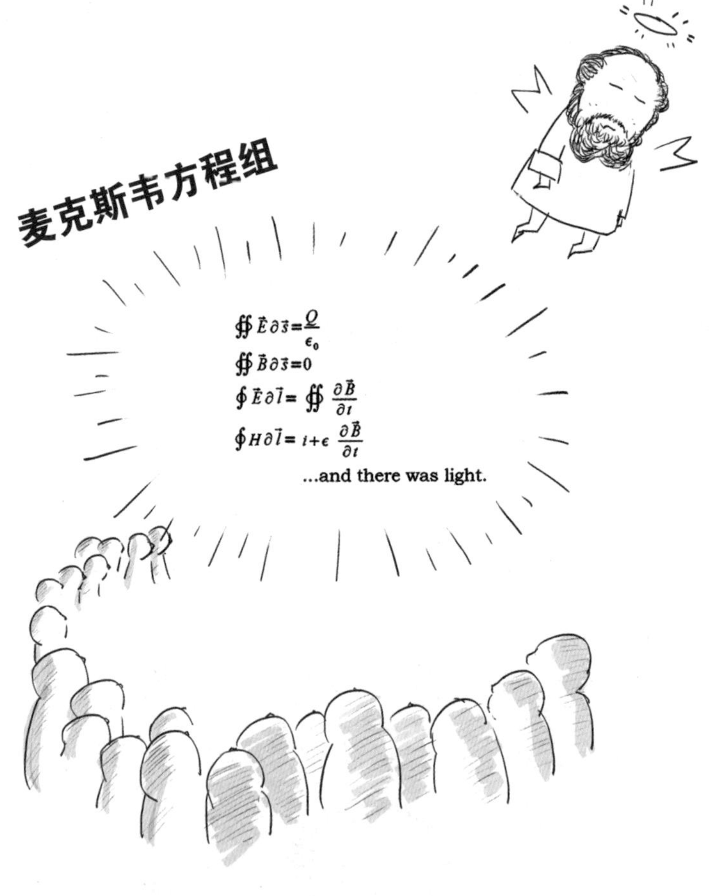

然而，随着研究的深入，人们慢慢发现，麦克斯韦留下的不单单是一份礼物，更是一个天大的谜题 ……

那个时候，人们早就知道了，按照牛顿理论所说，宇宙里没有谁处在“绝对静止”的特殊视角。也就是说，一旦谈论某个物体的运动速度 v，我们就得先说清楚，这个 v 是跟谁来比的，也就是指明参照物。要知道，对于处在不同运动状态中的观测者来说，理论上他们看到的任何速度，都应该是不同的才对。举个例子来说：

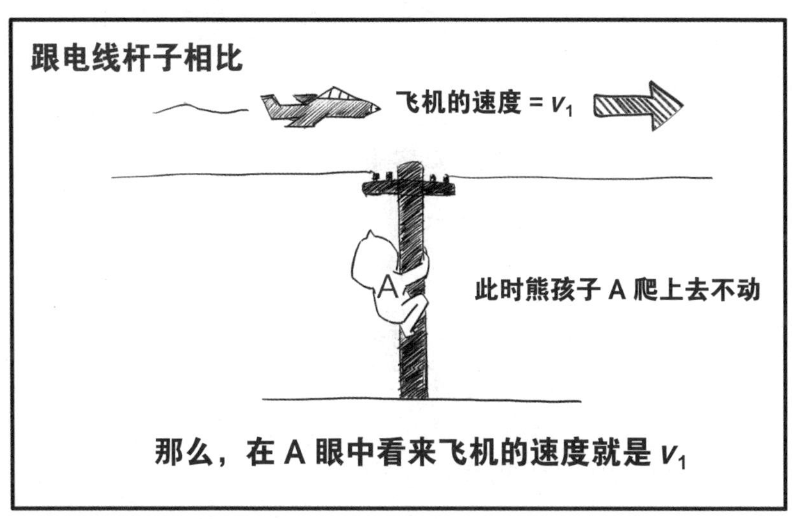

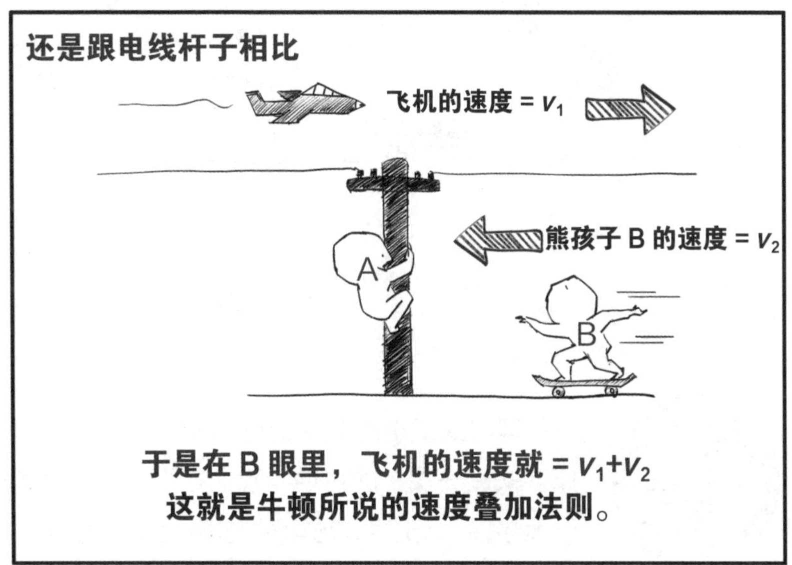

duang~

摇晃

其实武子小时候就是熊孩子 A，爬电线杆子掉下来过一次，脸着地，我们家祖孙三代就我一个大脑袋，所以我总觉得跟这事儿有点关系 ……

有了上面的概念，我们现在来看麦克斯韦预言：电磁波的传播速度约为 30 万千米 / 秒，那么，他这话是针对谁说的呢？如果我们仔细研究“电磁王”的理论就不难发现，在他留下的那组方程中，并没有指明具体的参照物。

于是，为了给电磁波的传播速度找到一个明确的对象，物理学家脑洞大开，想出了一种叫作“以太”的东西。

就像水波本质上是水分子的上下振动那样，

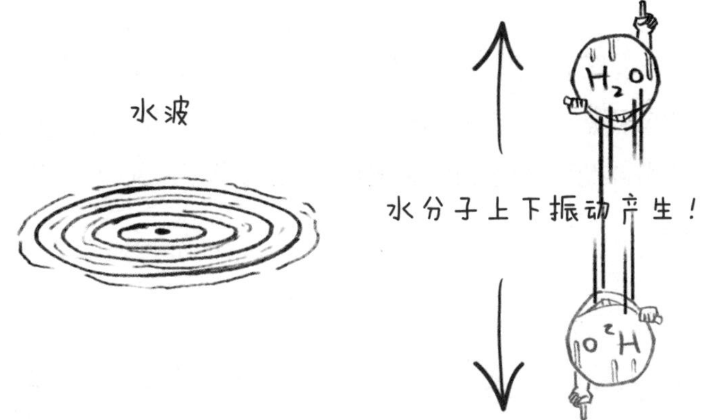

电磁波——其实就是“以太”振动产生的。

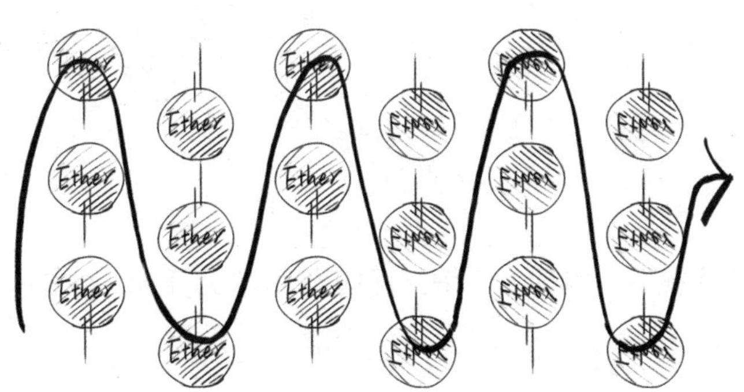

于是，按照麦克斯韦的预言，既然光是电磁波，那么，光速 =30 万千米 / 秒，就应该是它在以太中的传播速度了。

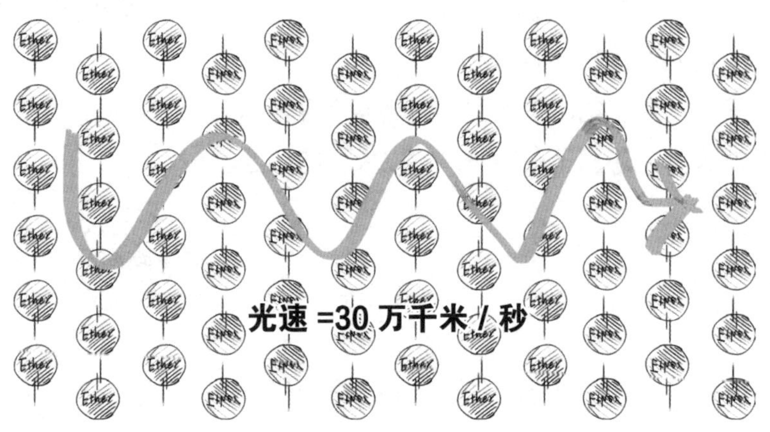

那好，现在我们假设宇宙里塞满了“以太”，地球穿行其中，那么对地球来说，在它运动方向上，如果一束光迎头撞上来，按照牛顿理论推测，地球上看到这束光的速度就应该 =30 万千米 / 秒 + 地球速度 v。

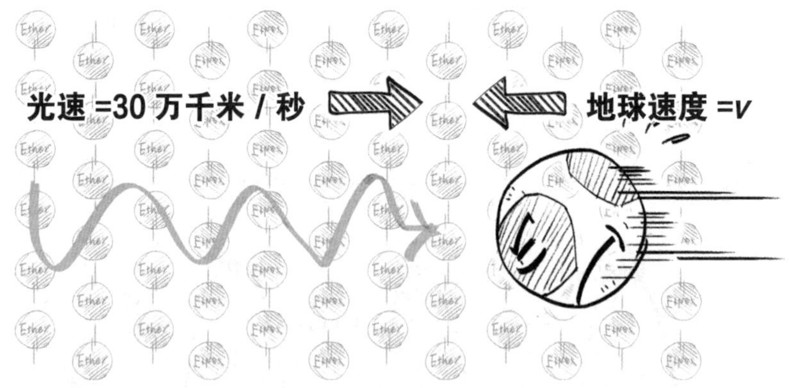

这种情况下，地球上测得光速应当 =30 万千米 / 秒 +v，这跟熊孩子 B 看飞机速度 =v_1+v_2 是一个道理。

而在垂直于地球运动的方向上，光飞来的速度应该还是 =30 万千米 / 秒，不会发生变化。

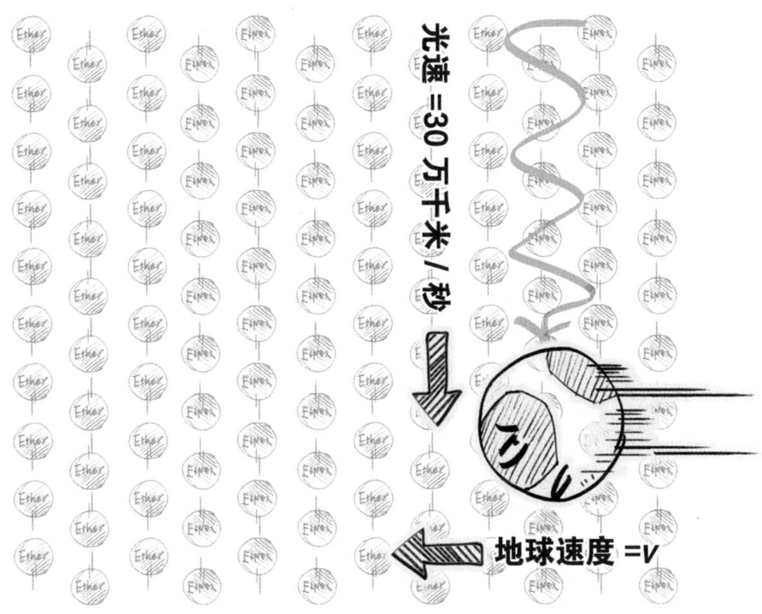

为了验证上述推测，1887 年，两位美国科学家设计了历史上著名的迈克尔孙 - 莫雷实验（简称 MM 实验）。

这个实验之所以能够得到全世界如此广泛的关注，是因为其实验结果在当时惊动了整个物理界。几乎出乎所有人的预料，MM 实验结果显示，无论光从哪个方向飞来，地球上测到的光速，始终不会发生任何变化。

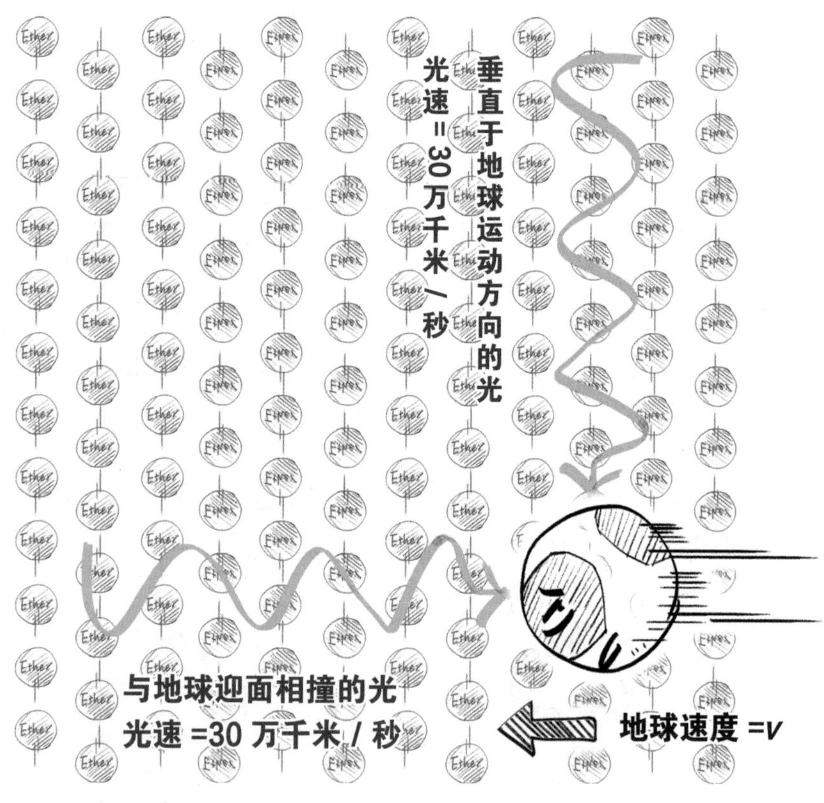

若干年后，MM 实验被评为人类科学史上最著名的失败实验。所以说，有时候吧，在科学上，玩儿砸了，也照样出名！

理论预言与实验结果出现矛盾，只有两种可能，要么实验出错，要么理论有误。

科学讲究一丝不苟，实事求是，现在物理学闹出个“MM 门”，那么，物理学家就欠全世界一个交代。这时候，谁的第一反应都是找实验的麻烦。

毕竟牛顿的理论在那儿戳着了这么多年，而麦克斯韦的方程又美得实在不像话，有谁会愿意去挑战经典呢？

然而，围着 MM 实验一顿翻来覆去折腾，物理学家也没发现实验过程有啥不对劲，于是人们不得不面对现实，既然实验没有任何问题，那毛病就只能出在理论上了。

此时人人都明白，物理学遇上大麻烦了 ……

1887 年到 1905 年这十几年间，全世界的物理学家都在忙着给经典物理打补丁，找台阶下。其中最著名的就是荷兰物理学家洛伦兹老爷子提出的长度收缩假说。

洛老爷子的意思大概是这样：牛顿理论是不可能有毛病的，光速肯定是变啦，只不过由于受到地球运动的影响，实验仪器在运动方向上缩短了一丢丢。

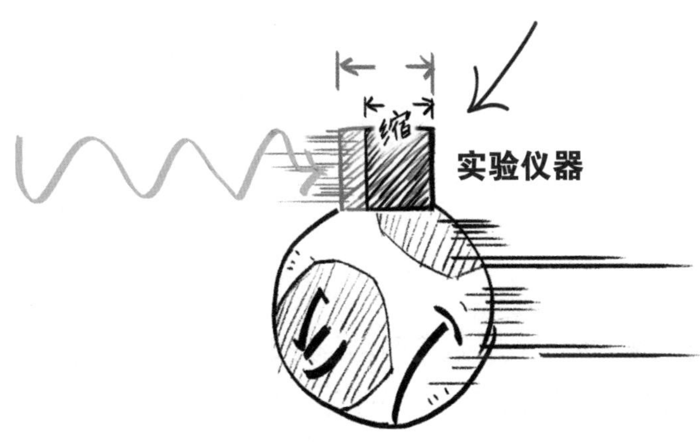

这个缩短的效应正好抵消了光速变化的效应，这才搞得实验结果看不出那微小的光速变化。

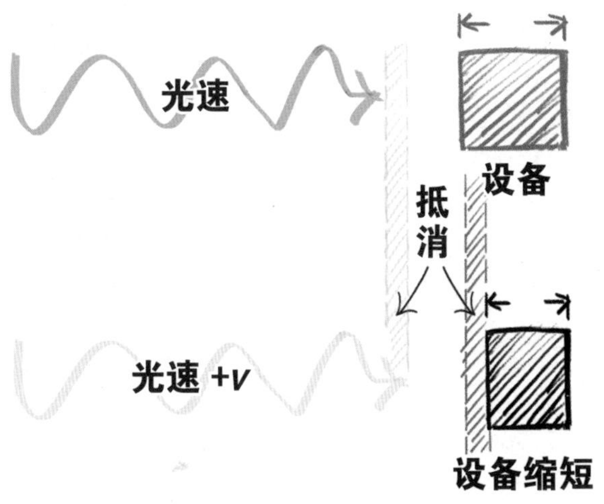

可以说，这算是当时物理界最拿得出手的解释了，况且洛伦兹还是那个时代电磁领域的泰山北斗，说话很有分量。

虽然长度收缩假说并没有得到实验支持，但它的确在逻辑上绕开了 MM 实验结果的尴尬。要知道经典物理学现在急需一块遮羞布，毕竟事儿已经出了，躲是躲不过的，有的说总比没有强。

于是整个物理界在听到洛老爷子的解释后，总算长出了一口气。当所有人都认为暂时可以放松一下紧绷的神经时，地球上——瑞士——伯尔尼专利局——在一间不大的办公室里，一位名不见经传的年轻人却没有停下他的思索……

=第3节 谁规定你我的时间非得一模一样？=

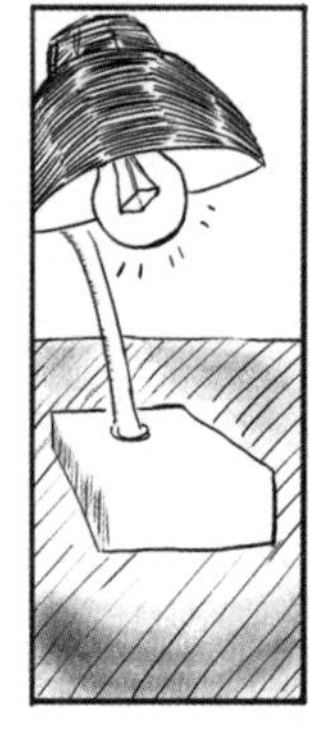

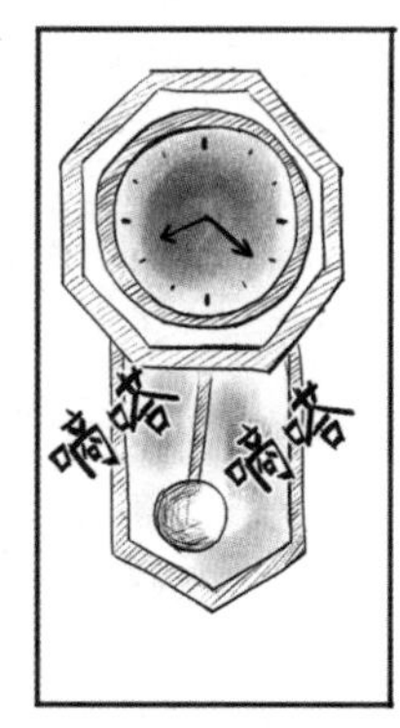

此时此刻，

他正聚精会神思考着……

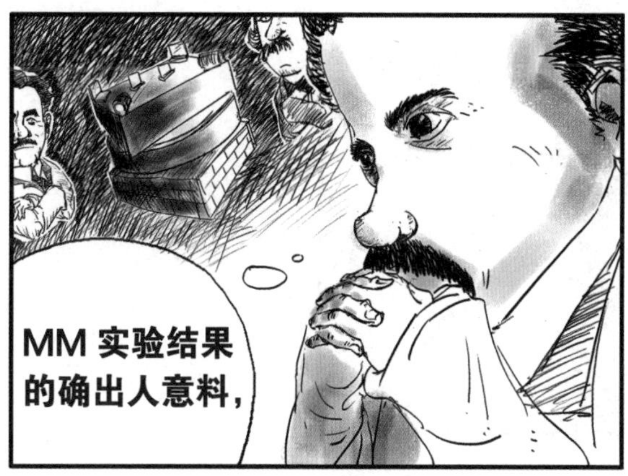
MM 实验结果
的确出人意料，

光速在不同方向上
的测量结果居然一
模一样，
这究竟说明
了什么呢？

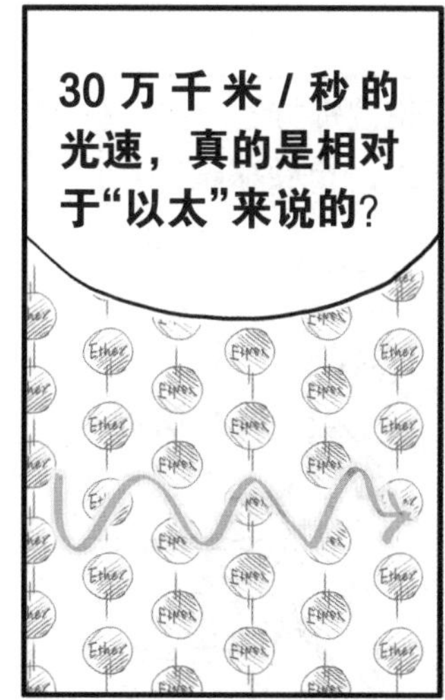
30 万千米 / 秒的
光速，真的是相对
于“以太”来说的？

如果是，

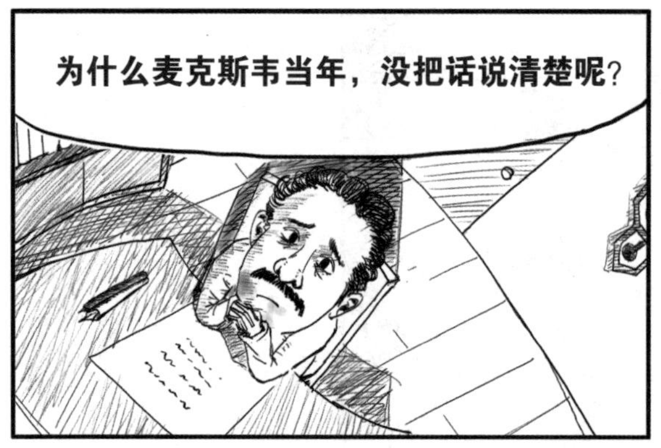
为什么麦克斯韦当年，没把话说清楚呢？

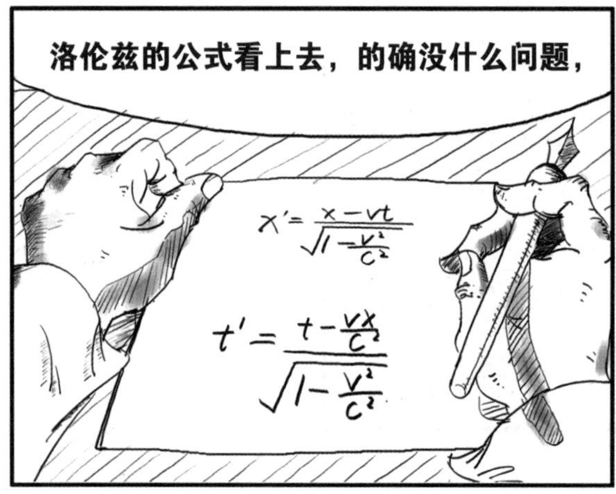
洛伦兹的公式看上去，的确没什么问题，
$x'=\frac{x-vt}{\sqrt{1-\frac{v^2}{c^2}}}$
$t'=\frac{t-\frac{vx}{c^2}}{\sqrt{1-\frac{v^2}{c^2}}}$

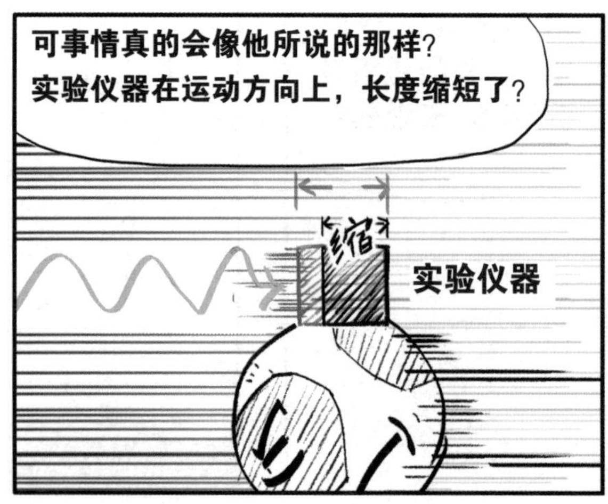
可事情真的会像他所说的那样？
实验仪器在运动方向上，长度缩短了？
缩
实验仪器

这一大维线索之间……

一定还存在着某种
我们尚不清楚的联系！

长度收缩的说法，
总让人觉得有哪里不对劲。

长度收缩假说

但问题到底出在哪了呢？

如果光速可以发生变化，
那为什么我们却测不出来？
如果宇宙中充满了以太，
可为什么从没有人看见过它？
如果麦克斯韦算出了 30 万千米 / 秒的光速，
却不告诉我们这个速度是相对谁来说的……

他为什么要这么做呢？

这说不通啊……

除非……

突然间，爱因斯坦好像想到了什么！

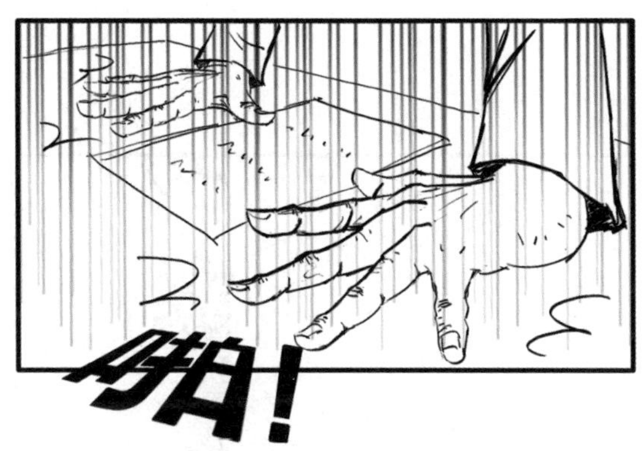

他猛地从椅子上站了起来！

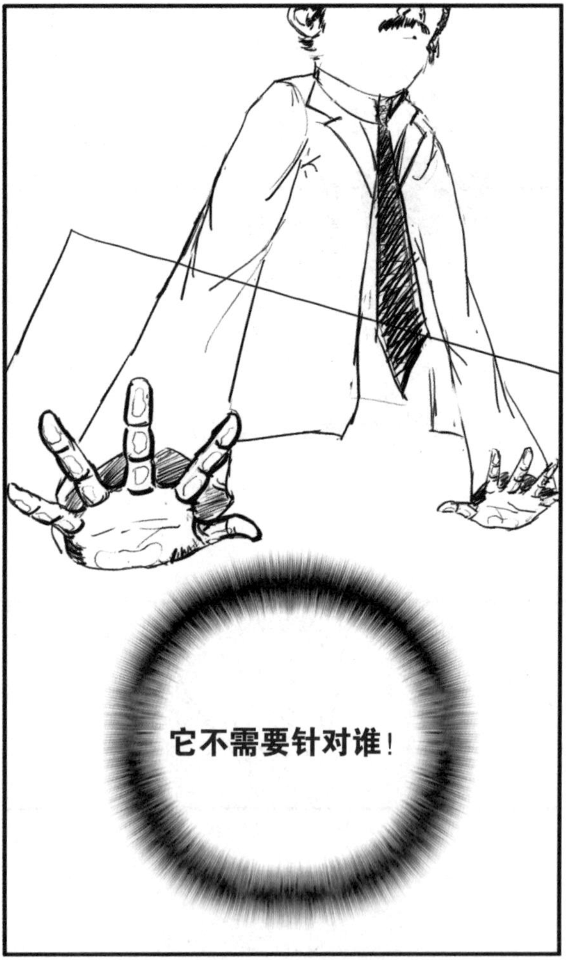

它不需要针对谁！

为什么光速在不同人眼中，
一定要有区别呢？
为什么就不能是一样的呢？

牛顿不是说了么，
世界上没有谁是与众不同的，
所有人的物理地位平等！

那么，如果所有人
都看到一样的光速，
这本身就合情合理啊！

想想看，速度叠加只是
人类的一种经验总结，
并不代表宇宙的真相啊！

或许，光速在任何人眼中
都是 30 万千米 / 秒！
无论观测者
处在什么样的运动状态上！
这不就正好解释了
MM实验结果么？
根本就用不着
假想什么长度收缩啊！
这么说……
光速，始终都是……

恒定不变的！

只要我们愿意放弃速度叠加法则，
接受光速在不同人眼中是一样的这个实验结果，

那么，这一切，
不都变得理所当然了么？

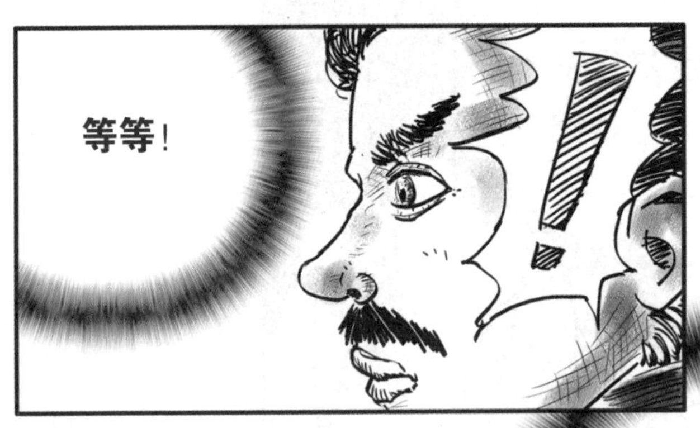

不对！
事情似乎没这么简单；

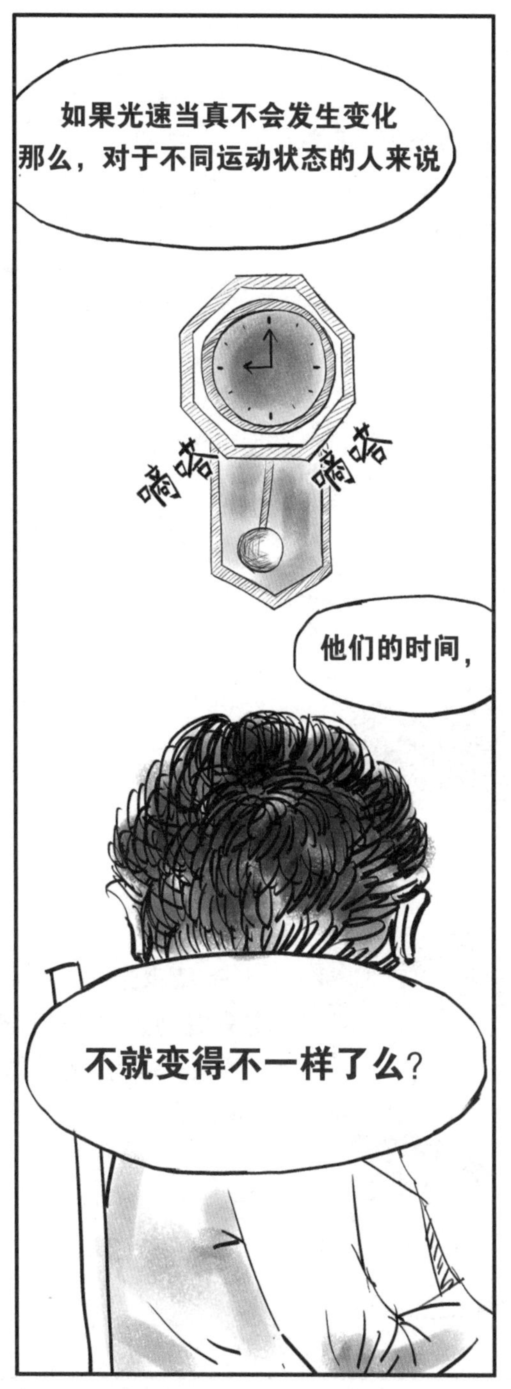
如果光速当真不会发生变化
那么，对于不同运动状态的人来说
嘀嗒
嘀嗒
他们的时间，
不就变得不一样了么？

A 处在地上不动的房间里，
B 处在匀速向右的飞船上；
两人的脚底和天花板都是镜子。

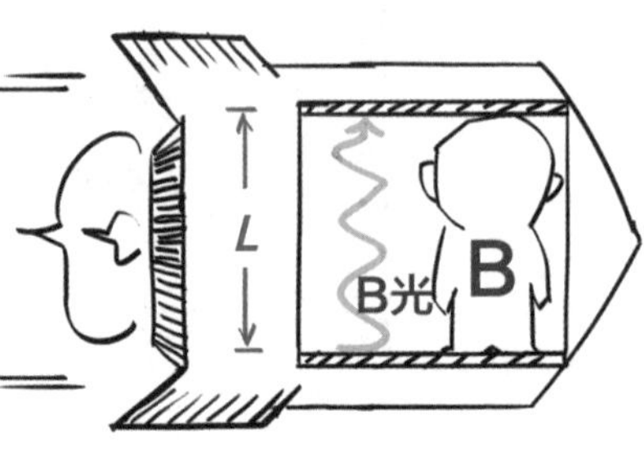

试想一下
这样一个场景

有两束光——A 光和 B 光
分别在两人的镜子间来回反射，
AB 两人都认为，光从脚下到天花板，
每走过 *L* 的距离，用时 1 秒。

当飞船从 A 头上飞过的时候，A 会看到，
B 光飞过的其实是 *L*’ 的距离。

在 A 看来，自己待在房子里，
原地不动，因此光速度不变，
于是 A 光在 1 秒内走过距离是 *L*，
这很正常。

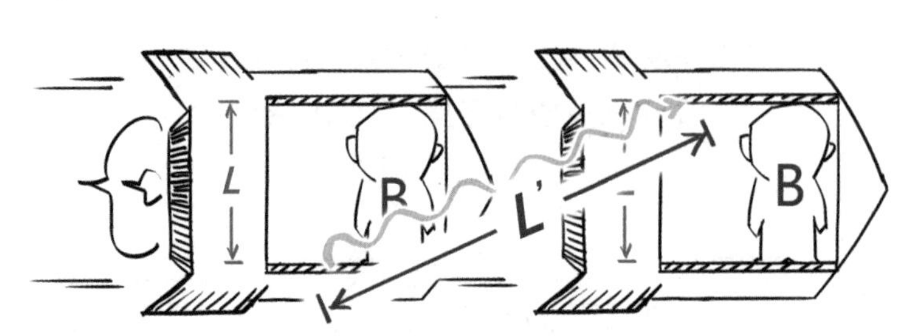

但是 B 光在飞船上，飞船有向右的速度，
如果按照牛顿的速度叠加的说法，
此时，在 A 眼里，
B 光的速度就应该 = 光速 + 飞船的速度，

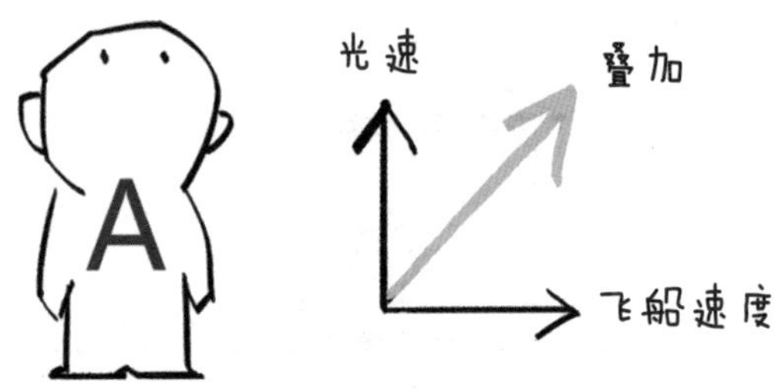

也就是说，B 光速度 >A 光速度了；
因此，B 光在 1 秒后走过的距离 *L*'
比 A 光走过的 *L* 要长。

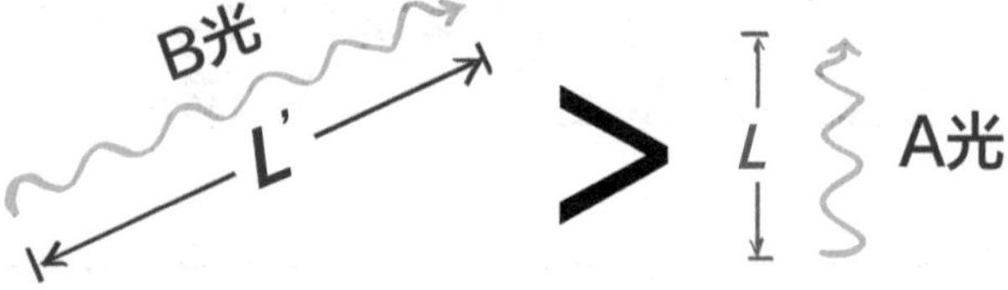

但是，如果光速是恒定不变的！
它在任何人眼里，任何时候
都是 30 万千米 / 秒，
那它就没法叠加飞船的速度！

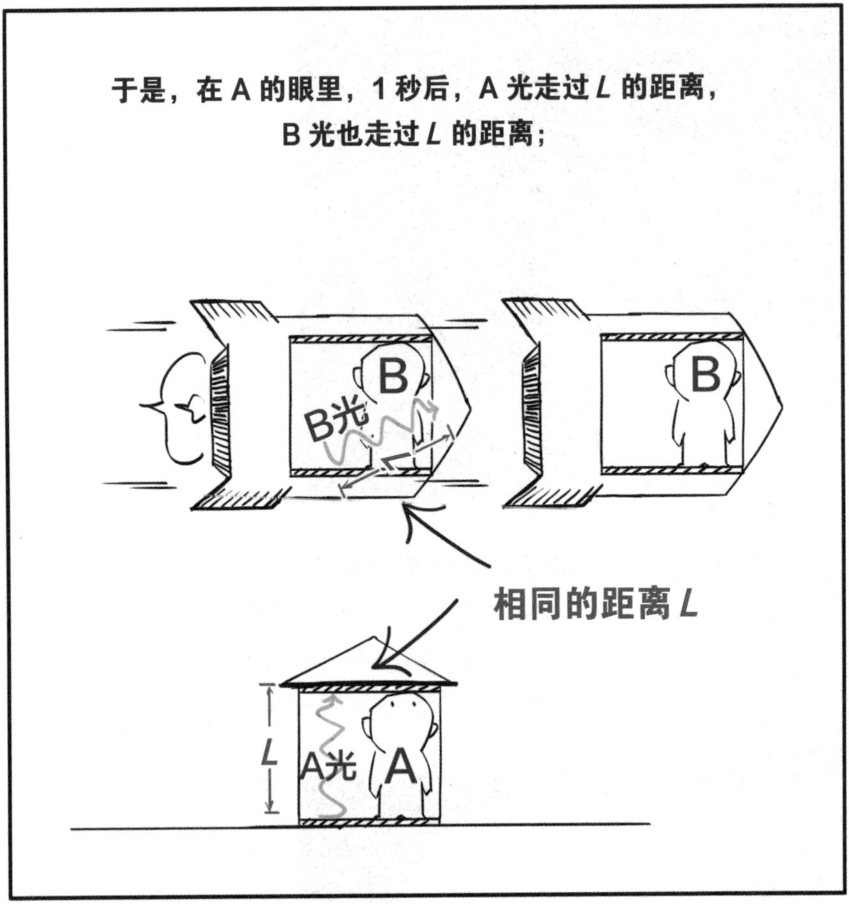

于是，在 A 的眼里，1 秒后，A 光走过 *L* 的距离，
B 光也走过 *L* 的距离；

B
B光
L
B
相同的距离 *L*
L
A光
A

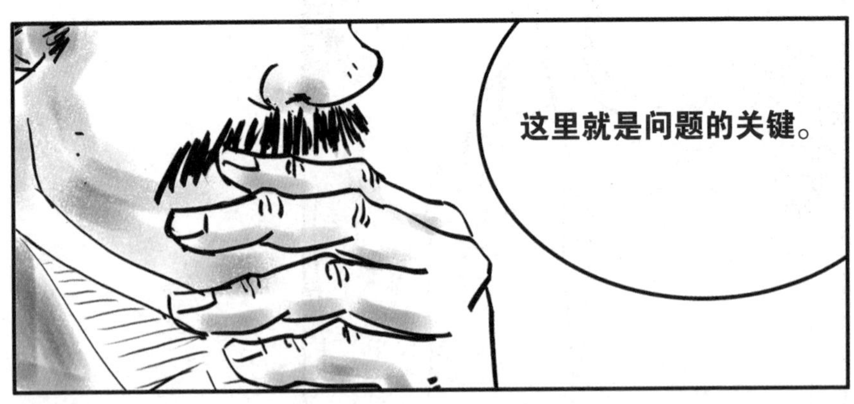

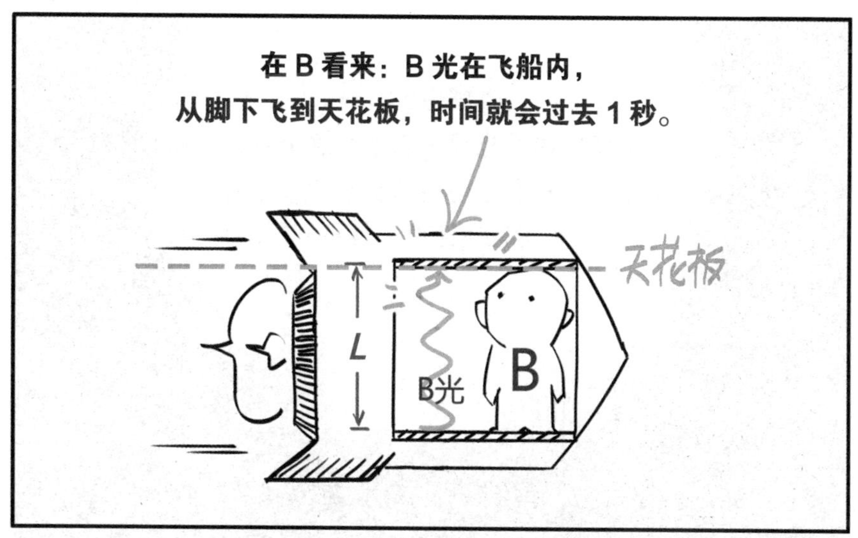

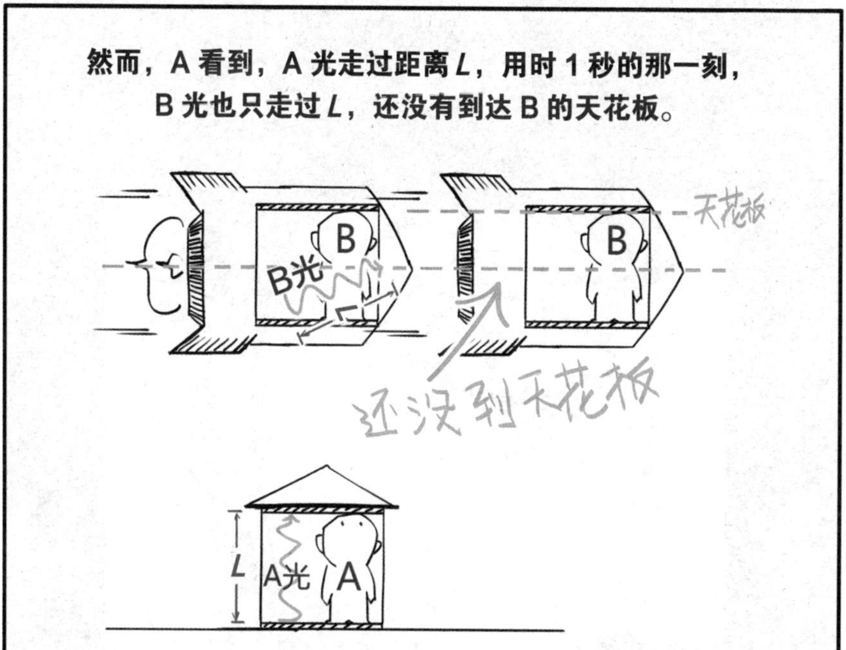

然而，A 看到，A 光走过距离 *L*，用时 1 秒的那一刻，
B 光也只走过 *L*，还没有到达 B 的天花板。

因此，在 A 看来，自己的时间过去了 1 秒，
而 B 经过的时间，此时居然不到 1 秒！

也就是说，
如果我们接受光速恒定不变这个结论，
那么对于处于不同运动状态的人来说，
他们的时间流逝速度，是不一样的！

这难道……

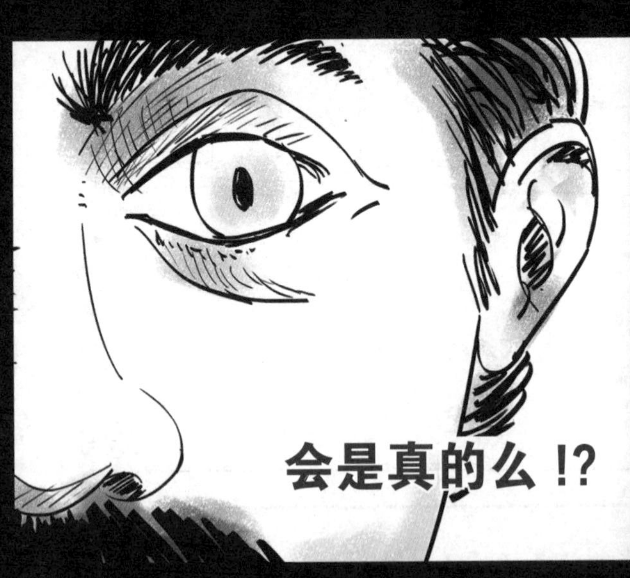

一瞬间，如晴天霹雳，
爱因斯坦的思绪彻底通透了！

时间！
就是时间！！
谁规定你我的时间
非得一模一样呢？
A
B
每个人的时间流逝速度
不同，这有什么问题么？
凭什么所有人必须保持着
相同的节律呢？

想想看，
从物理学诞生那一天起，
从来就没有人证明过
“绝对时间”是事实啊！
没错，现在一切都清楚了！

宇宙并不像牛顿想象的那样，
“绝对时间”是不存在的！
MM实验结果没有毛病，
光速是恒定的，
任何人看到的都是30万千米/秒，
它不需要针对谁！
“以太”压根就没存在过！

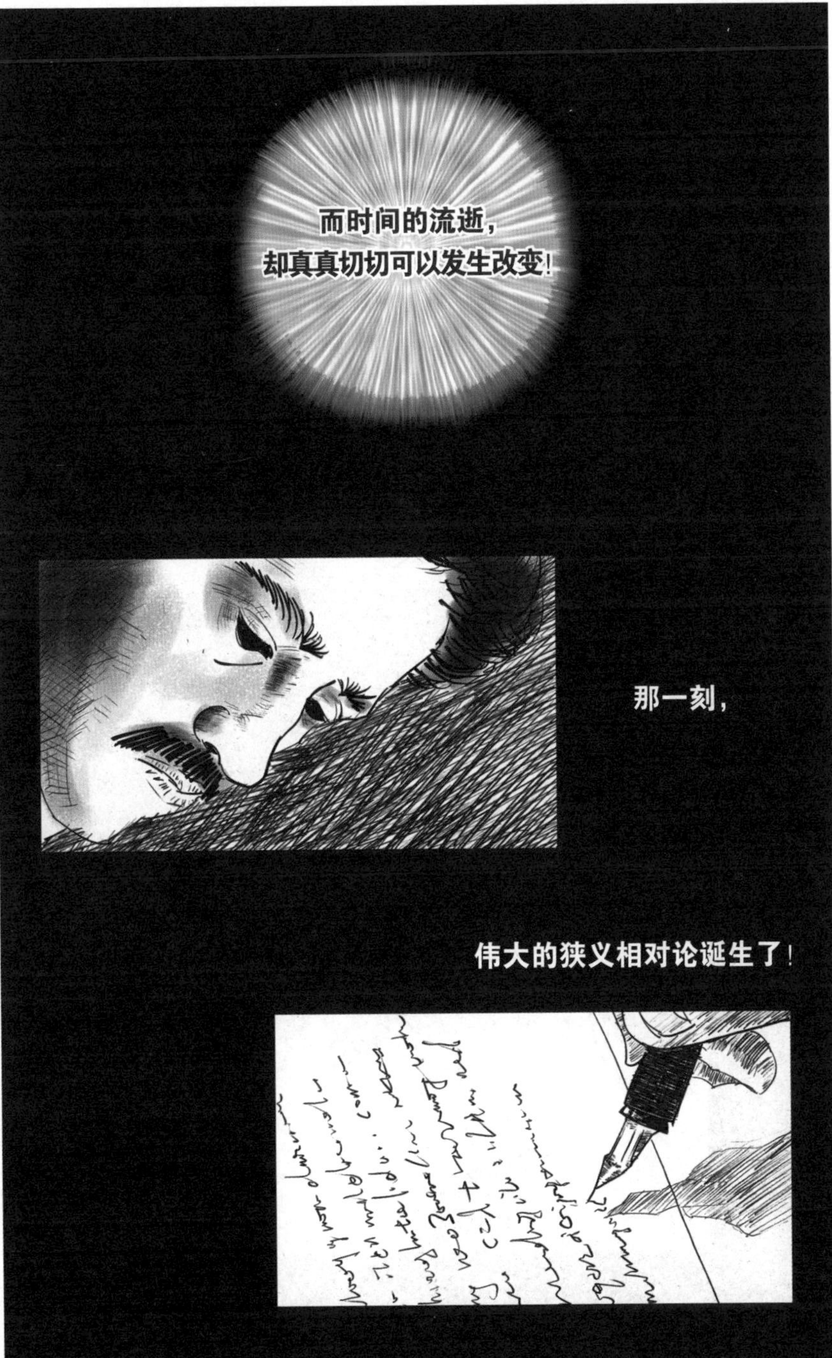
而时间的流逝，
却真真切切可以发生改变！
那一刻，
伟大的狭义相对论诞生了！

爱因斯坦用叛逆一切的态度宣布，
这个世界，再也不是人们曾经以为的那个样子，

经典物理的时代，

结束了。

=第4节　如果有一天，太阳爆炸了怎么办？=

狭义相对论的基本假设叫作狭义相对性原理和光速不变原理。

1. 狭义相对性原理：一切物理定律在所有惯性参考系中都是等价的。

他们做任何物理实验，实验结果都是一样一样的！

2. 光速不变原理：真空中的光速对任何观察者来说都是相同的。

基于这两个简单的前提，爱因斯坦推导出了一些匪夷所思的结果。

比如说：光速是宇宙中信息传递的速度上限，任何有质量的物体的运动速度都低于光速。

再比如说：运动的物体时间变慢，长度缩短，也就是人们常说的钟慢尺缩效应。

另外还有，一个物体的质量和能量是等效的，没错，那就是大名鼎鼎的质能方程 $E=mc^2$ 了。

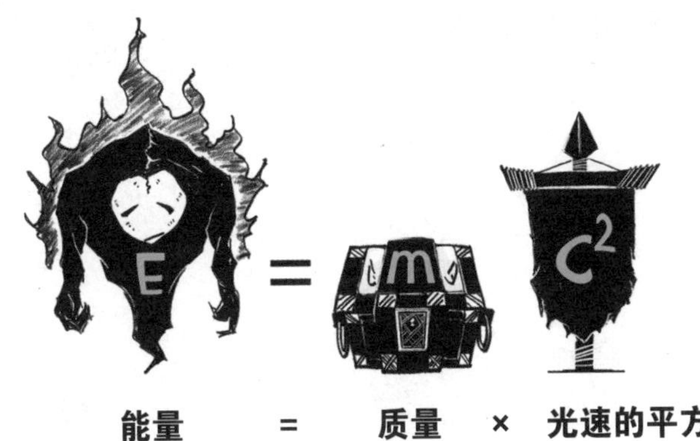

可以说，质能方程是物理理论简洁优美的典范，公式中，E 代表能量，m 代表质量，c 代表光速。

从质能方程中，人们能够了解到，一个物体的质量 m，代表着给这个物体加速的难度，物体的运动速度越大，质量越大，加速的难度也就越大，继续加速所需要的能量越多。

物体加速质量变大；

质量越大加速越难，
再次加速需要更大的能量。

当速度接近光速，
加速的难度无限大，
继续加速所需能量无限大。

而无限大的能量，宇宙里没处去找；因此，任何有质量的物体，都不可能达到光速。

由于相对论打破了长久以来人们对于时空的观念，那么，在理解全新时空观的时候，我们就需要全新的数学工具，那就是时空图，举个例子来说：

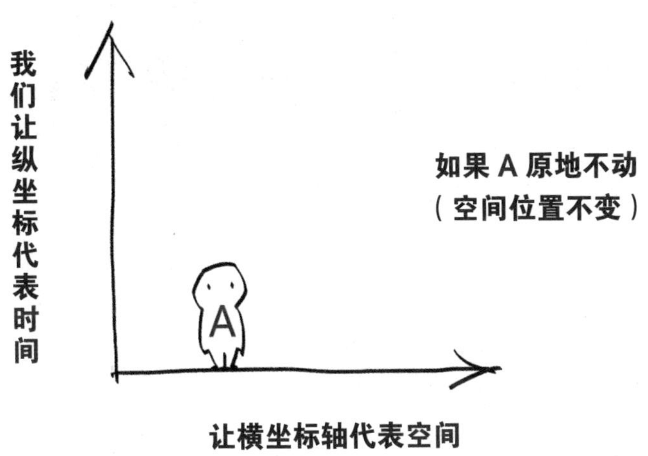

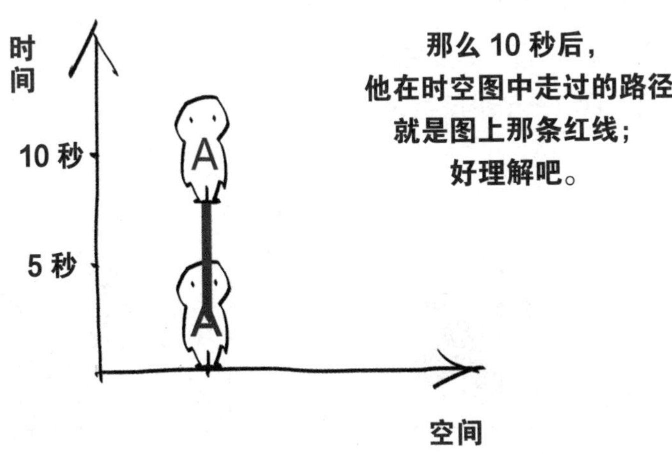

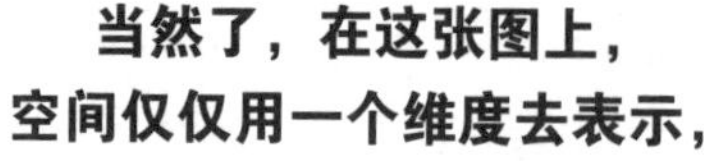

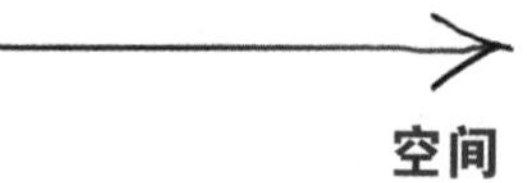

而现实中，
空间有 3 个维度。

只不过，用 3 个坐标表示空间位置，这么干在几何上显得有点奢侈，因为就算利用绘画上的透视法，在一张平面图上，我们最多只能画出 3 个维度；

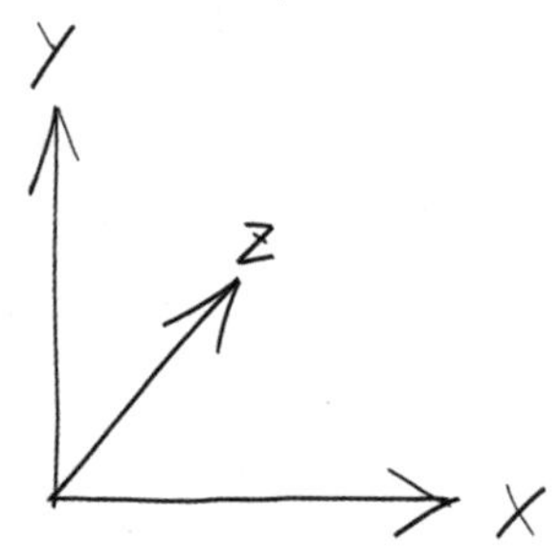

如果 3 个维度都用来描述空间位置，那么时间就没法表达了。因此，为了能够让时间和空间同时体现在这张图上，我们只好委屈一下空间，腾出一个维度给时间：

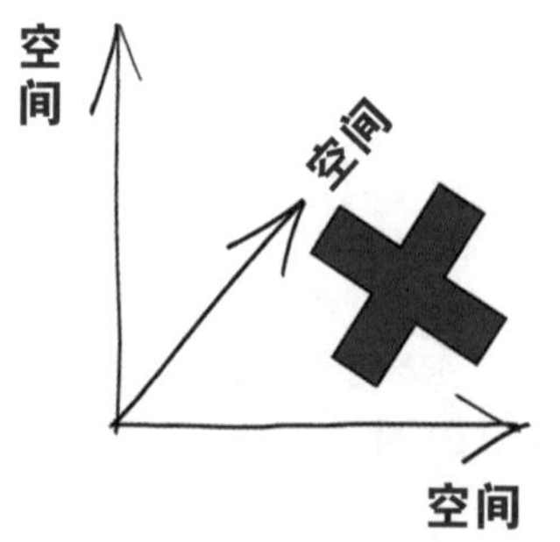

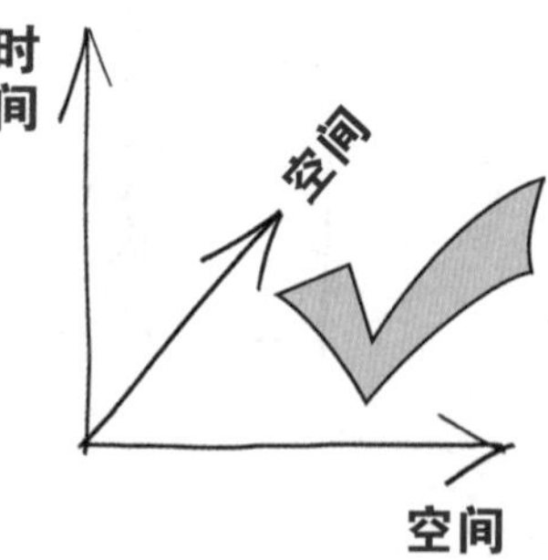

比如我们举个例子，“任小浩变身超级赛亚人”事件：

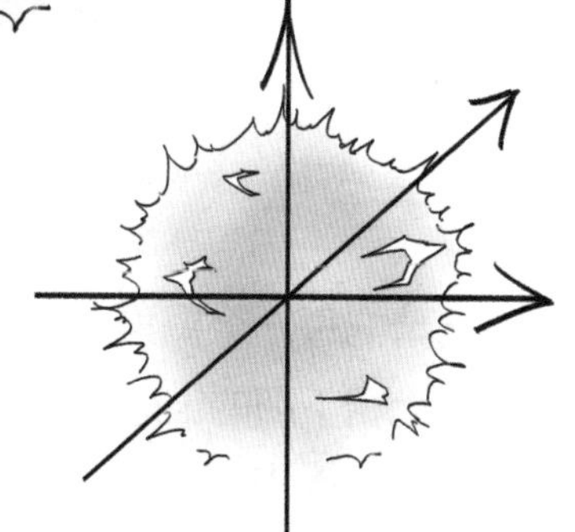

这个事件中，任小浩（A）发出的光芒向四面八方散开后，本来是这样的一个球；这个球在 3 个空间维度上延伸。

在这里，我们不得不把这个球压扁，变成一个圆。

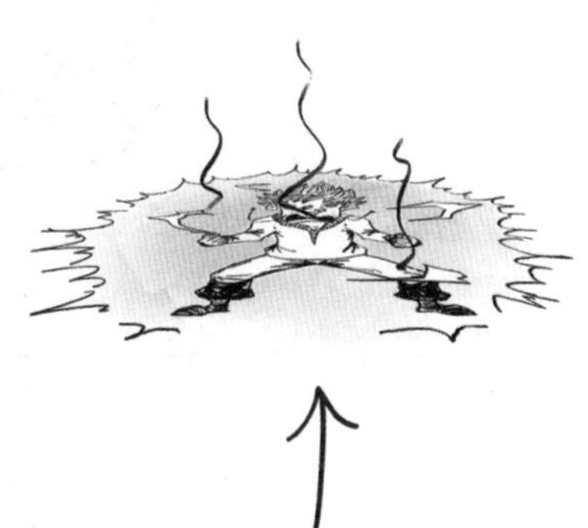

这样，压缩一个空间维度，给时间。于是，这个光圈就代表任小浩（A）所发出的光，到达的空间区域。

随着时间流逝，光继续扩散，这个圈就越画越大。

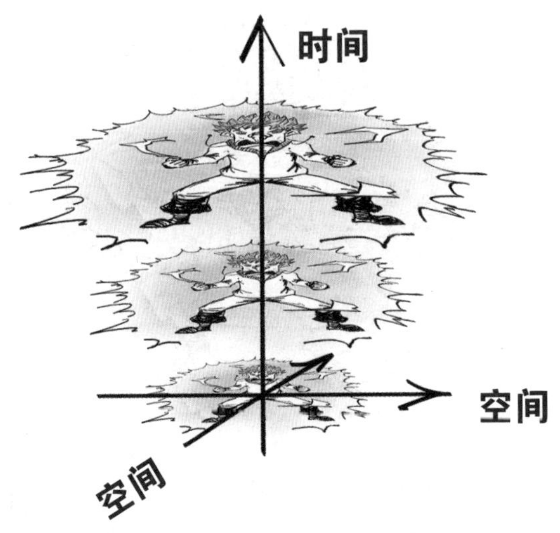

试着把每一个圈连起来你就会发现，在这张时空图上，就形成了一个上粗下细的锥形。

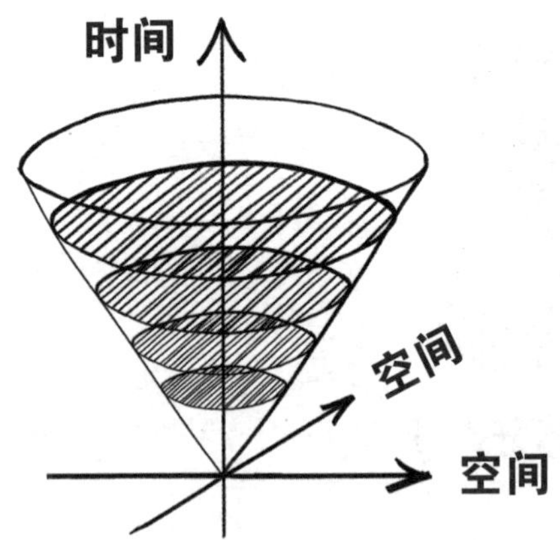

它叫将来光锥，代表着“变身”这件事，随着时间流逝能够影响的时空范围。

如果沿着时间的反方向去思考，我们就能画出一个正好倒过来的，下粗上细的光锥：

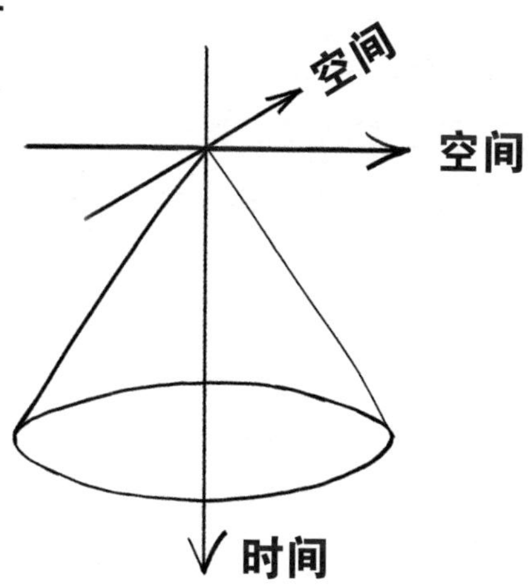

它叫过去光锥，代表着，时空中，能够影响到“变身”这件事的所有因素的集合。

比如我们往回倒 1 秒的时间，然后画一个圈，它代表着在这个圈里的光，在 1 秒钟内，是来得及到达“变身”事件那里去的。

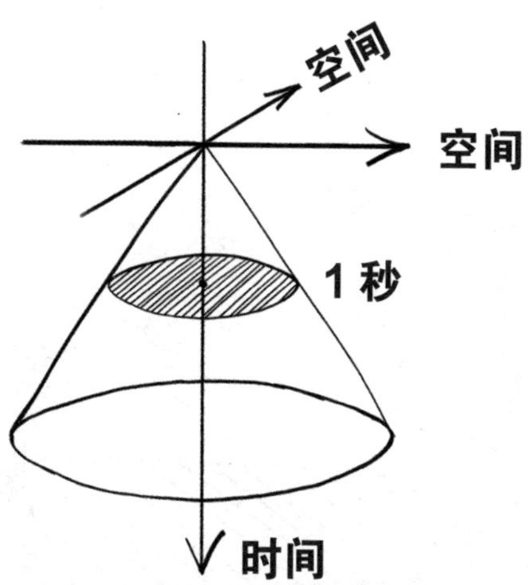

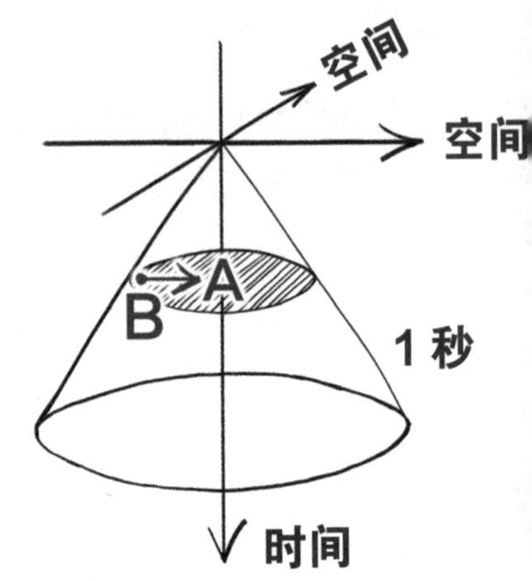

如果这个圈里有人在，那么，他发出的光在 1 秒的时间里，就可以到达任小浩，从而影响“变身”这件事。

如果倒 2 秒，那这个圈里的谁家小谁一旦发光，它的光也来得及飞过来，影响“变身”事件。

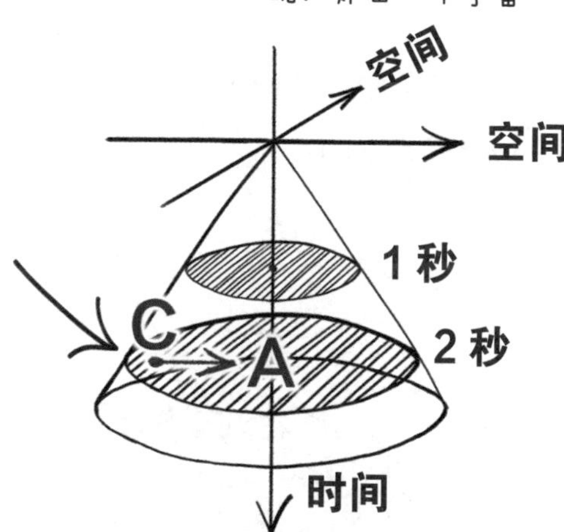

以此类推，3 秒一个圈，4 秒一个圈……所有圈连一块，就是时空中能够影响“变身事件”的区域了。

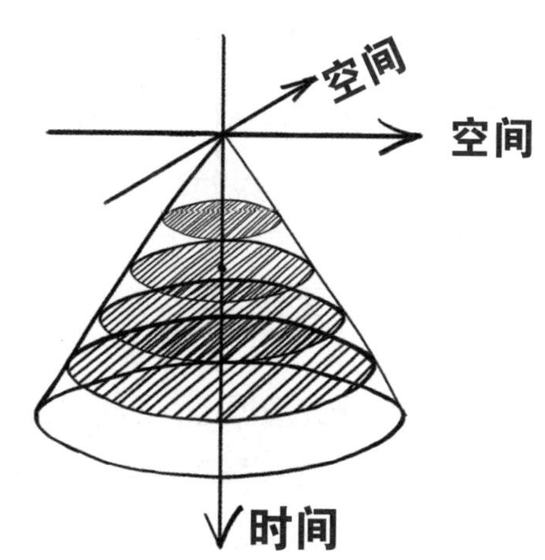

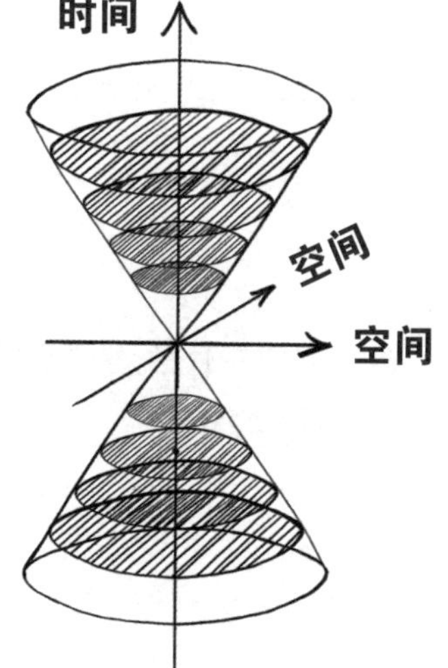

把将来光锥和过去光锥一怼，就是一个完整的光锥了。

宇宙中，任何事件都可以认为是发光的；每件事都可以画一个这样的光锥图；

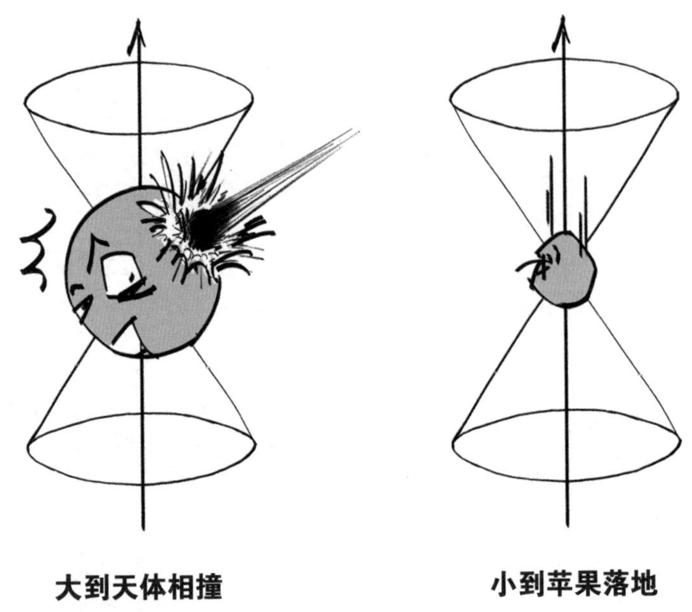

大到天体相撞　　　　小到苹果落地

由于光速恒定，因此，所有事件的光锥图其实都长得一模一样。又因为，光速是宇宙间信息传递的速度上限，所以，“光锥”是事件能够影响到的最大范围。

现在很清楚了，以“变身”事件为例：

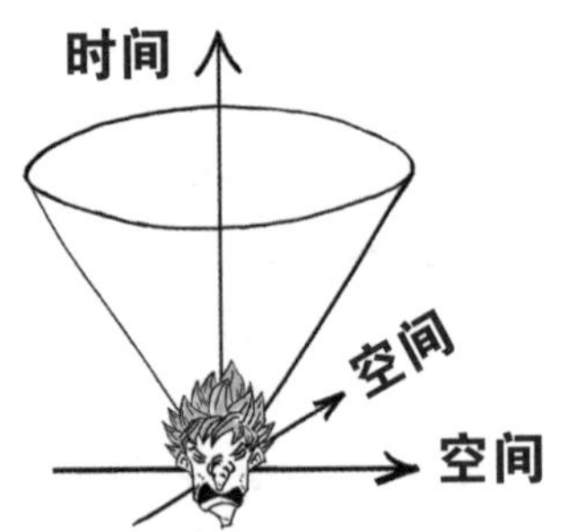

“将来光锥”代表着“变身”能够影响的时空范围；

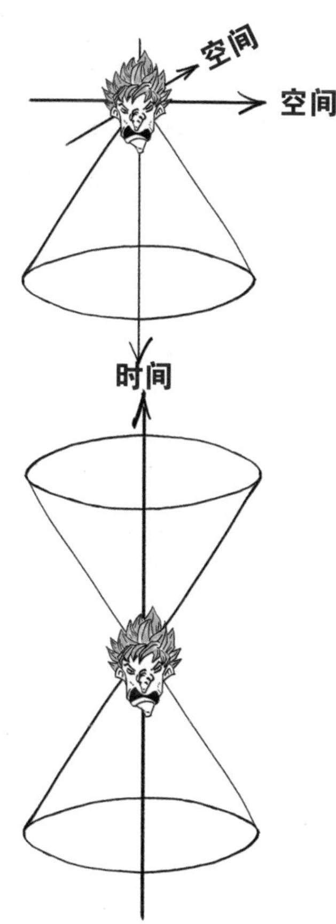

“过去光锥”代表着能够影响“变身”的时空范围；

整个光锥就是“变身”事件的前因后果，过去和未来。

在这个范围之外，时空中发生的任何事件，跟“变身”事件没有半毛钱关系。

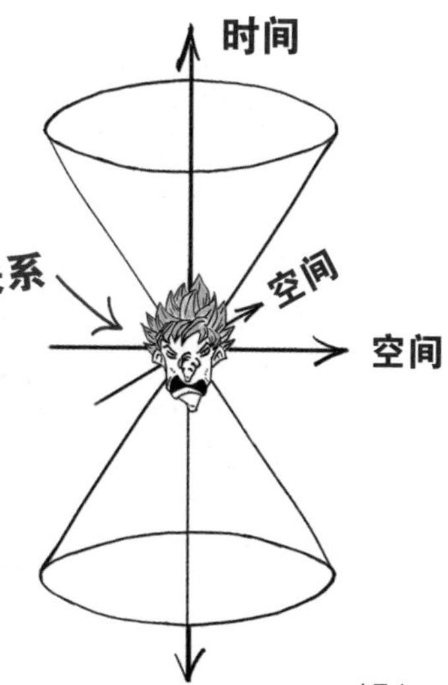

一个经常被用来讲解光锥的例子是这么说的，假如太阳在此时此刻爆炸，它会立刻影响到我们么？

地球

答案是不会的，因为在爆炸的那一刻，我们处在“太阳爆炸”事件光锥之外。

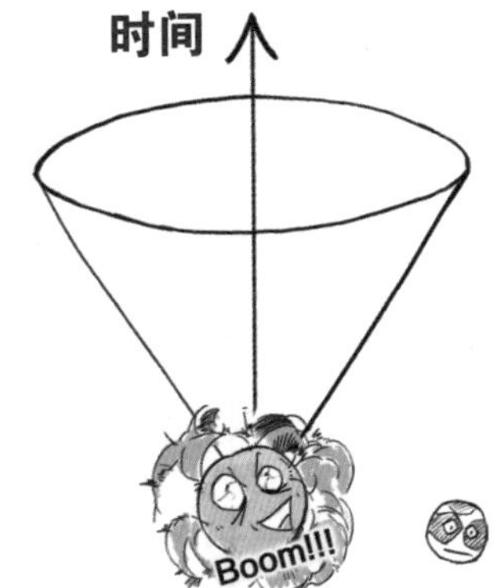

太阳离地球有1.5亿千米远，“太阳爆炸”事件发出的光，需要飞行8分钟，才能到达地球。

太阳爆炸的瞬间，时空图是这样的：

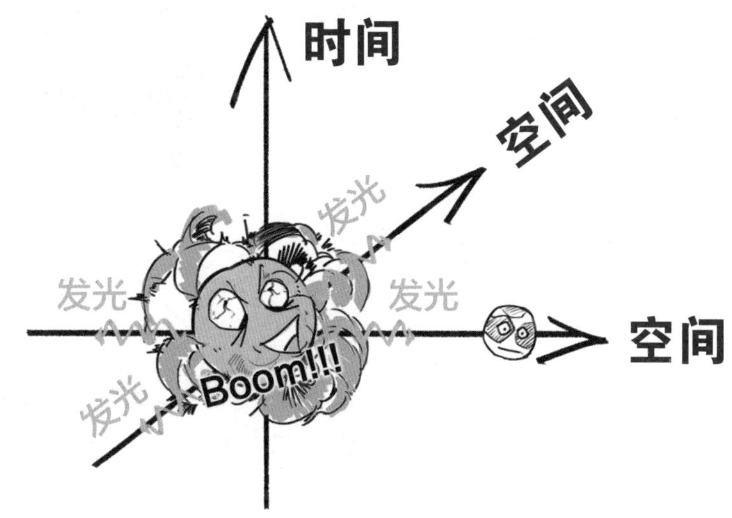

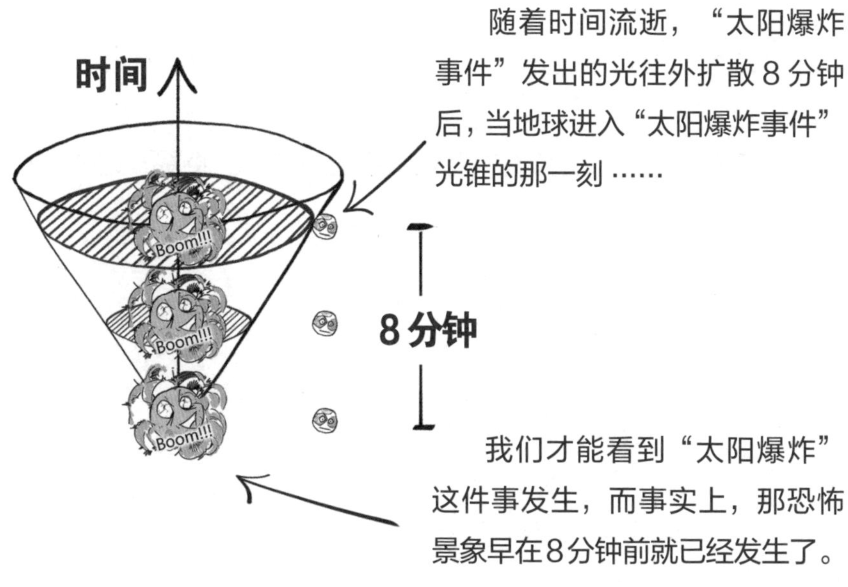

随着时间流逝，“太阳爆炸事件”发出的光往外扩散 8 分钟后，当地球进入“太阳爆炸事件”光锥的那一刻……

我们才能看到“太阳爆炸”这件事发生，而事实上，那恐怖景象早在8分钟前就已经发生了。

刘慈欣曾在他著名的小说《三体》中用一段经典对白，生动地表达了光锥的含义……

“光的传播沿时间轴呈锥状，物理学家们称为光锥，光锥之外的人不可能了解光锥内部发生的事件。想想现在，谁知道宇宙中有多少重大事件的信息正在以光速向我们飞来，有些可能已经飞了上亿年，但我们仍在这些事件的光锥之外。”

“光锥之内就是命运。”

林格略一思考，赞赏地冲斐兹罗连连点头，“将军，这个比喻很好！”

=第5节　哎呀！时空被坐出来一个大坑！=

狭义相对论划破长空，爱因斯坦一战成名，在获得世人无数点赞和转发的同时，他却冷静地发现了一个巨大的困惑摆在自己面前。

尽管牛顿的时空观已经崩塌，然而万有引力定律却始终屹立不倒。

为了将万有引力纳入到狭义相对论的框架之内，从 1908 年到 1914 年，在长达 6 年多的时间里，爱因斯坦在数学上做了各种尝试，而无论他怎么努力，牛顿的万有引力定律却始终不肯乖乖配合。

而狭义相对论与万有引力更关键的矛盾在于，狭义相对论规定了，光速是宇宙间信息传递的速度极限；

但根据万有引力计算，质量的变化会影响引力的大小，这影响居然可以在瞬间实现。

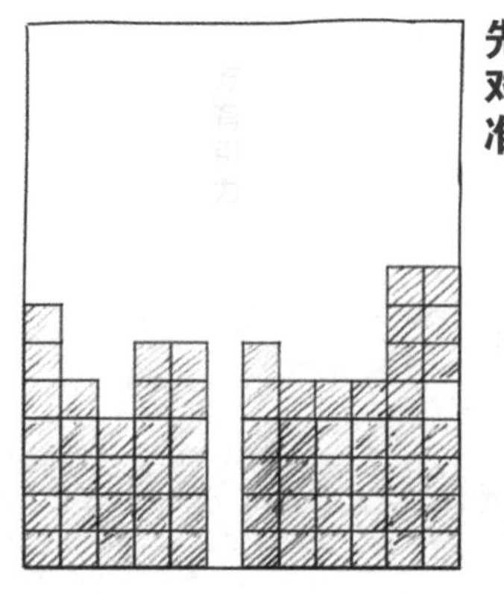

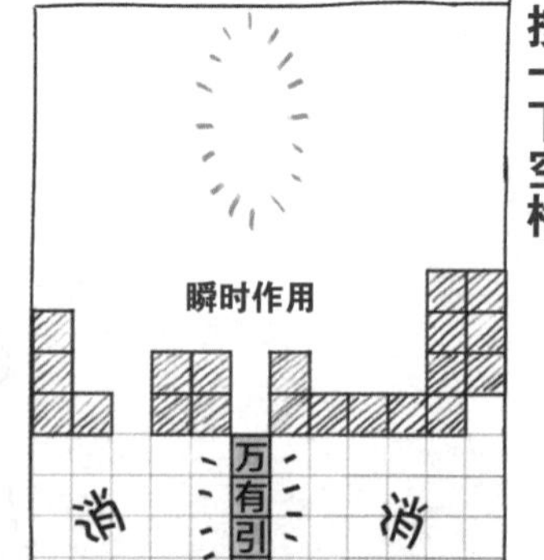

一个说光速是上限，一个讲引力瞬时作用，很明显，对阵的双方已经到了有你没我，水火不容的地步。

既然矛盾不可调和，摆在面前的只剩下了一条路，爱因斯坦决定，自创引力理论。

关于广义相对论的发现，又是一个很长很长的故事，考虑到篇幅，武子在这就不展开了。有兴趣的同学可以看武子的另一本书《1小时看懂相对论（漫画版）》。我们这里倒是可以讲点有用没用的八卦和趣闻。

话说，有一次，爱因斯坦在陪居里夫人散步……

看到缆车经过，爱因斯坦突然蹦出来一个想法：如果缆车不幸掉了下来，里面的人就会处在失重状态，那会是一种什么样的感觉呢？

想想看，太空飞船中的宇航员就处在失重状态，他们是漂浮在船舱中的。

既然两种情况都处在失重状态，那两个人都应该感到漂浮才对，只要缆车里的人看不到外面。

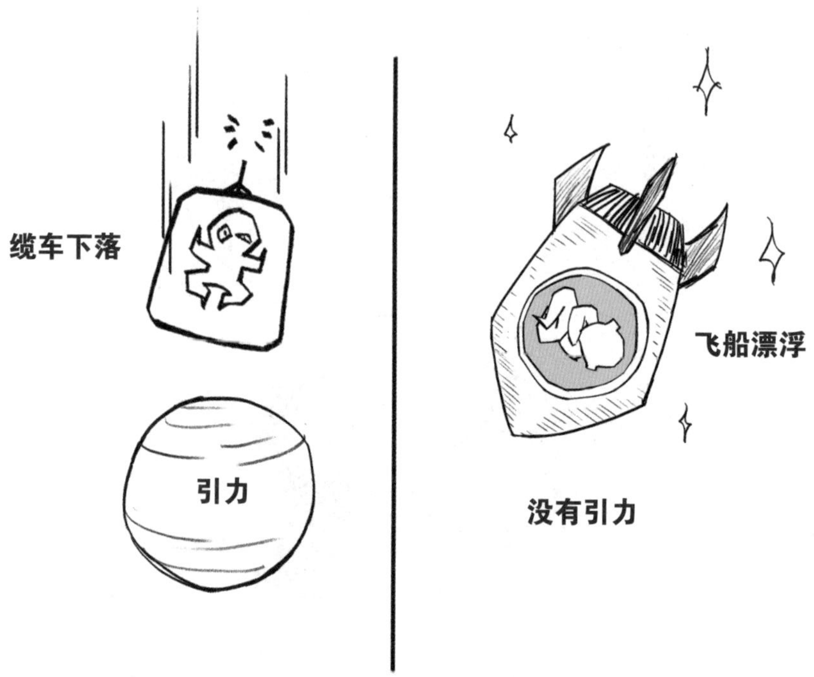

缆车下落

引力

飞船漂浮

没有引力

两人感觉是一样一样的！

这个想法被爱因斯坦本人称为他一生中最快乐的想法。

于是那天，广义相对论的第一性原理——等效原理被发现了。

不知道大师的灵感究竟从何而来，不过据说在爱因斯坦的一生中，很多时候都会对比自己年龄大的女人产生好感。

居里夫人年长他两岁，想来能跟像自己一样懂科学的大姐姐一起散步，必然是个愉快的经历。

那么，精神的愉悦导致灵感在那一天爆发也就没什么稀奇了。要知道，薛定谔也曾在与他那神秘女友度假期间做出了一生中最伟大成就的。

传说中的躺枪……

在关于引力的研究当中，爱因斯坦发现，引力的本质并不是力，而是时空弯曲造成的几何效应。我们打个比方来说：

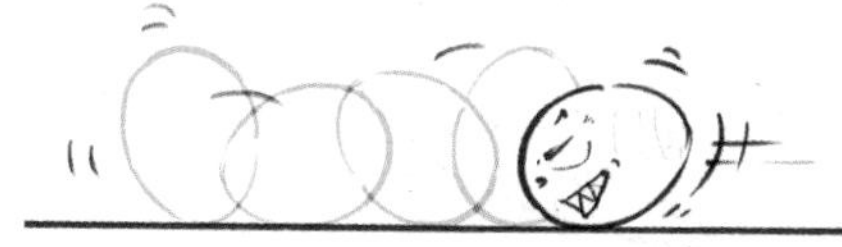

屋里有张床，床上有一个鸡蛋。
一开始，床上没有别的东西，
鸡蛋在上面滚，走的是直线。

直线运动

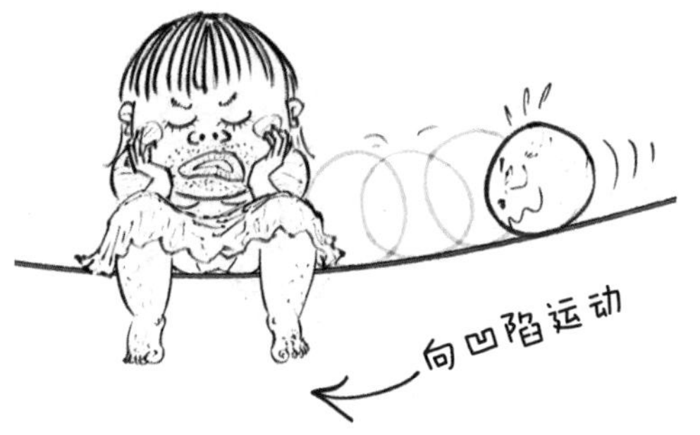

一个妹子坐了上去，
压弯了床垫，

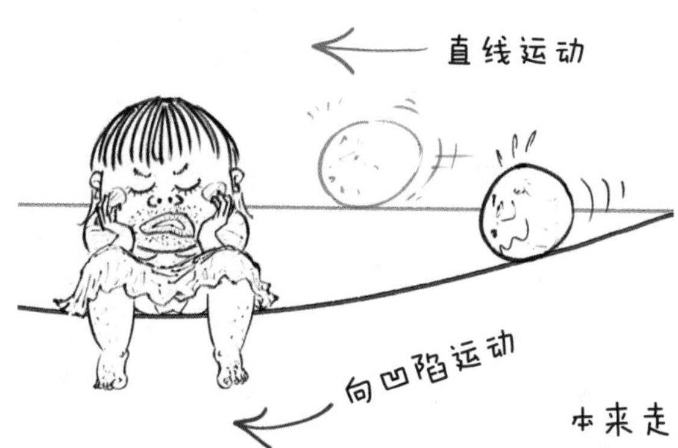

本来走直线的鸡蛋，
自然朝着妹子压出来的坑轱辘过去。

鸡蛋运动状态的改变，并不是因为妹子的吸引，而是因为她压弯了床垫。

时空就是一张床垫，太阳屁股大，一上床，坐出一大坑，地球不是不想走直线，只因为不留神掉进坑里出不来，只好围着太阳打转转。

所以说，“时空”并不是啥也没有，它其实也是个东西；

引力压根不是力，它只不过是时空弯曲造成的几何效应。

在这个例子里，地球，太阳，时空之间的暧昧关系，就是广义相对论想要表达的核心思想。用一句话总结就是：“物质告诉时空如何弯曲，时空告诉物质如何运动”。

在这里，引力的传播并不是瞬时的，它其实就是床垫的颤抖速度；爱因斯坦通过计算证明，这个速度就是光速，而床垫的颤抖，就是传说中的引力波。

1915 年，在经过大约 10 年的艰难探索后，爱因斯坦发表了人类物理史上最伟大的理论之一——广义相对论。

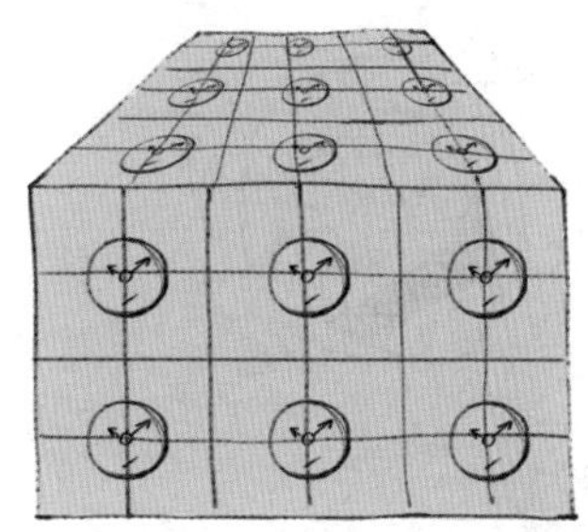

在此以前，人类一直认为空间和时间是事件发生的舞台，它们不受事件的影响，只是单纯地提供场地。即便是帮助人类冲破思想束缚的狭义相对论，也只是将时间和空间统一在了一起。

那个时候，爱因斯坦也并不认为时空本身可以影响事件。然而在广义相对论中，事情变得完全不同了。时空从被动参与者变成了可以影响事件发展的重要角色。在之后的几十年中，人们针对广义相对论的深入研究，让我们对于宇宙的认识，发生了翻天覆地的变化。

第3章

咣！炸出一个宇宙

宇宙正在膨胀，20 世纪，当人类发现这个惊人的事实后，很多人是不敢相信的。多年来，静态宇宙观早已深入人心，根深蒂固的观念让地球上最有想象力的大脑也感到无法想象。一个膨胀的宇宙，这意味着，我们身处其中的宇宙，始终处在动态当中。今天的宇宙比昨天的大，昨天的宇宙比前天的大，如果一直往回倒……原来，宇宙是从一个没有体积的“点”炸出来的！

第1节 所有的星系都在远离我们？这怎么可能？

很久以前，人类就发现，天空中有几颗星星倍儿抢眼，它们不但比大多数星星更亮，而且居然还能动，人们给它们起名叫——行星。

相比来说，夜空中大多数的星星还是比较低调的，它们只不过一闪一闪的，看上去似乎原地不动，于是人们就把它们称为——恒星。

离我们最近的恒星叫比邻星，它位于半人马座方向。如果你是科幻迷，一定对这个称呼不陌生，因为那是科幻小说《三体》中，“三体人”的老家，离我们大概有 4 光年远。

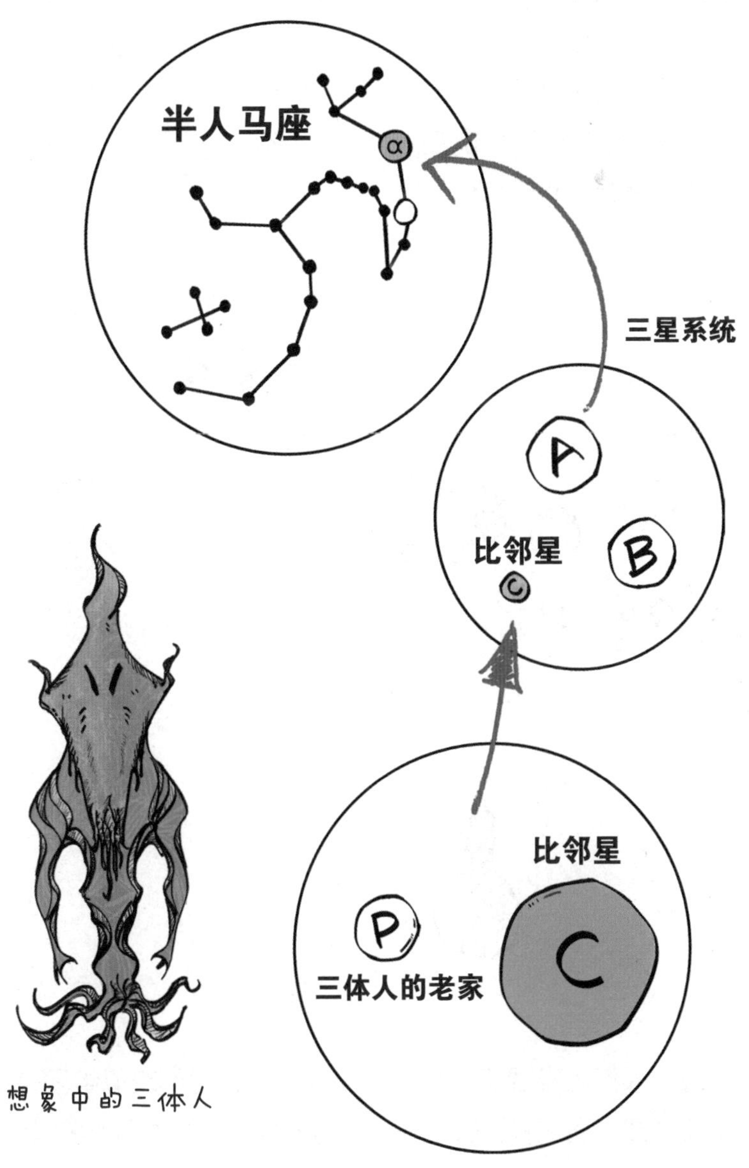

想象中的三体人

而夜空中大部分肉眼可见的恒星，距离地球有几百光年远。当然了，太阳离地球很近，只有短短的1.5亿千米，光走8分钟就到了。

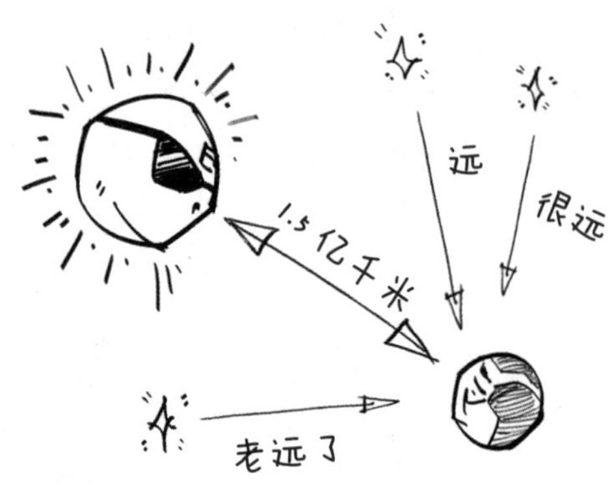

经过大量的天文观测人们发现，恒星散布在整个夜空当中，哪哪都是，有近有远。

然而，人们还发现了，有一大波儿恒星，它们貌似组团来的，在天上排列成一溜，看上去就像一条河一样，于是人们取名银河。

1750 年，有天文学家指出，假如天上的这些星星，全都被装在一个像碟子一样的结构里打转转，那么银河的形成，就是理所当然的。那天，螺旋星系的概念初次与世人见面。

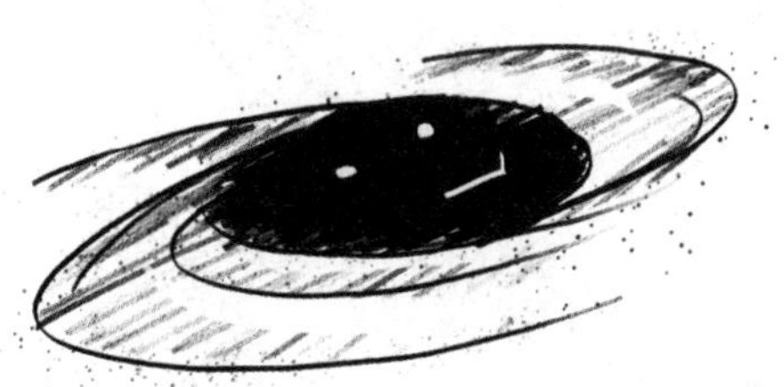

几十年后，天文学家威廉 · 赫歇尔通过观测证实了这个说法。

赫歇尔自制了望远镜，其放大倍数碾压当时皇家天文学会的望远镜。

然而即便如此，星系，这个我们现在看来，地球人都知道的物理概念，直到 20 世纪才被人们广泛接受。

时光飞逝，岁月如梭，时间来到 1924 年，美国加州威尔逊山天文台，某天夜里，传奇天文学家埃德温·哈勃在望远镜里发现了一个无比惊人的秘密。

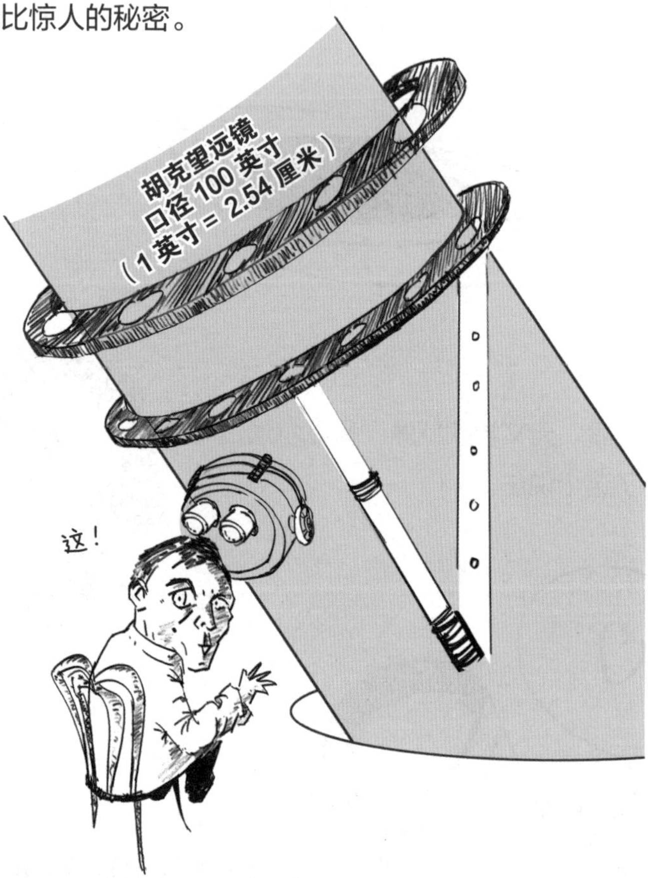

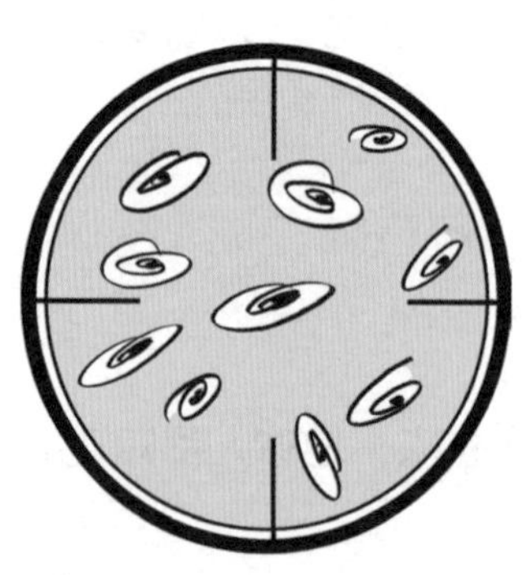

原来，我们人类生存其中的银河系。并不是这个宇宙中唯一的星系。宇宙里，还有好多个跟我们这个星系长相差不多的星系，飘荡在广茫的太空当中。

于是那天，人类的宇宙观，更新了版本。

现在我们知道，银河系只不过是可观宇宙中，几千亿个星系中的一员；而每一个星系当中，又都包含了上千亿颗数量的恒星。事实证明，人类的存在，是如此的渺小……

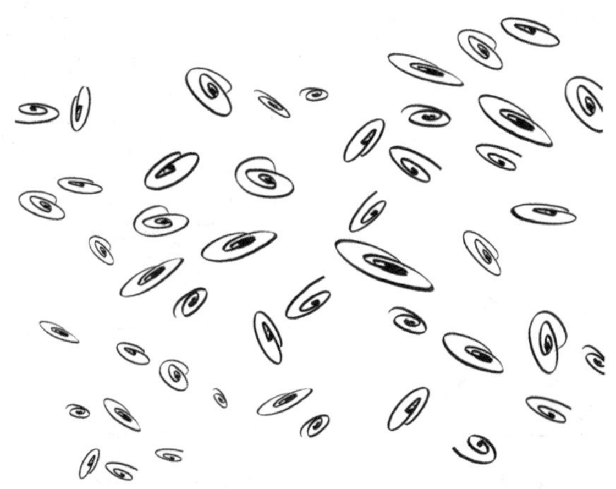

而即便仅仅着眼于我们的星系，人类也是微不足道的存在。银河系直径 10 万光年，大约包含 2000 亿颗恒星，它在太空里始终保持着一种慢慢悠悠打转转的节奏。

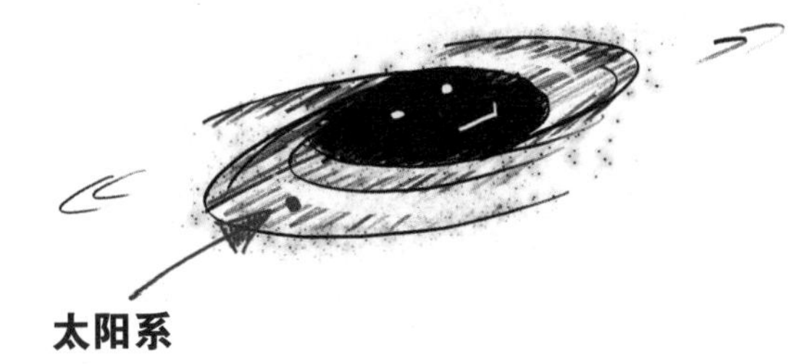

而太阳，也只不过是一颗，不大不小，相貌平平，看上去实在没什么存在感的黄色恒星，假如站得远点观察，你很可能都找不着它在哪儿。

打个比方来说，如果把银河系看作北京城，那太阳系撑死了也就相当于五环边上一座普通民宅。

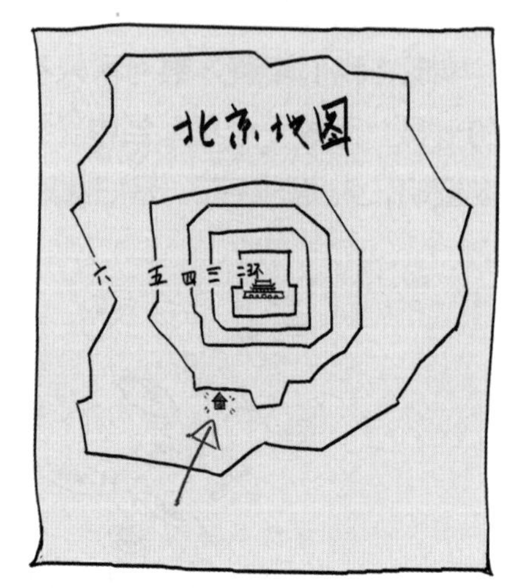

以上武子描述的，就是一幅现代人类眼中的宇宙图景。追忆几千年天文学发展史，不禁让人感慨唏嘘，跟亚里士多德描述的情况相比，宇宙已经面目全非了。

恒星的距离是那么遥远，它们看上去就是一个个小亮点，我们怎么才能区分它们呢？

这事说起来还要感谢大神牛顿，正是他在1665年，被迫离开剑桥，回到乡下躲避瘟疫的那段时间，跟家闲不住，非要做实验，结果一不留神就发现了那个名留物理史册的物理现象——光的色散。

还记得小时候课本里讲的那个故事么？炙热难耐的夏天，牛顿头戴厚厚的假发，独自待在房间里，房间门窗紧锁。整个屋子漆黑一片，只有墙上的一个小孔有光进入到房间里，

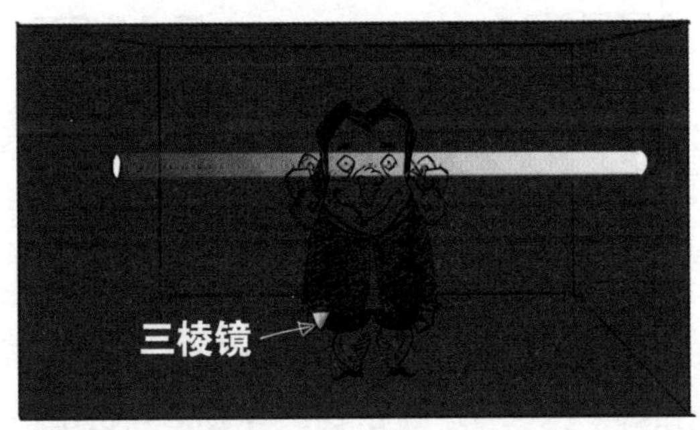

牛顿汗如雨下，在房间里走来走去，时不时将手中的一个三棱镜塞进小孔当中，而每当他这么做的时候，原本白色的光，通过三棱镜后照射到房间里的另一面墙上，就会在那里形成一道彩虹。

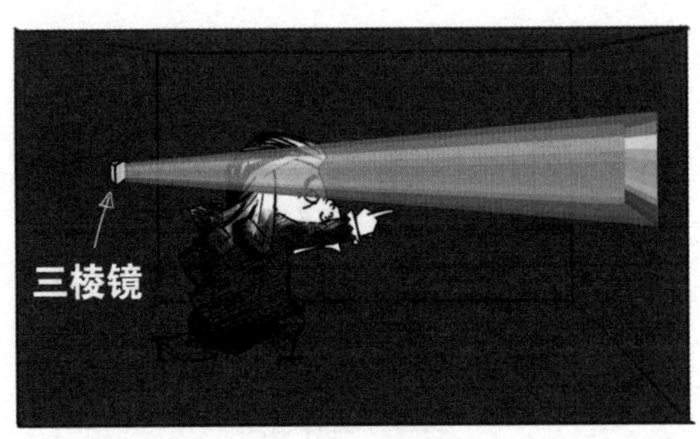

课本上的故事描述得十分夸张，不过这也没什么，毕竟它的意义非凡。要知道，正是由于牛顿的这个伟大发现，让我们今天能够分辨出，那满天繁星所发出的光芒，事实上拥有着不同的颜色。

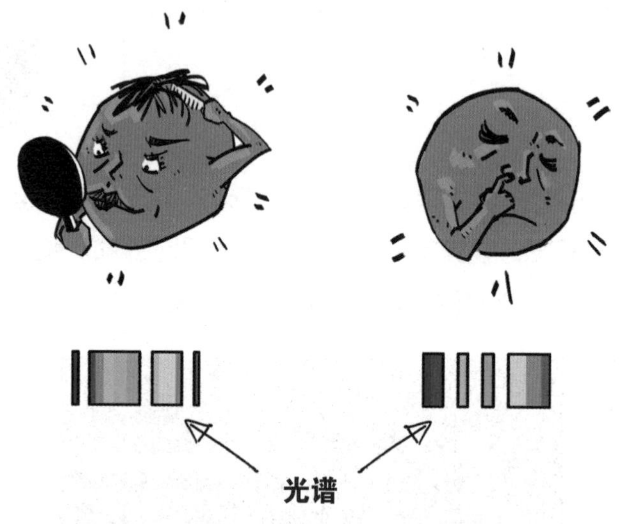

当时间来到 20 世纪 20 年代，天文学家玩腻了在家门口数星星，开始寻找新鲜目标。没多久，他们就打起别家星系里恒星的主意。

老话讲，不看不知道，一看吓一跳，经过大量天文观测，天文学家发现了一件怪事。

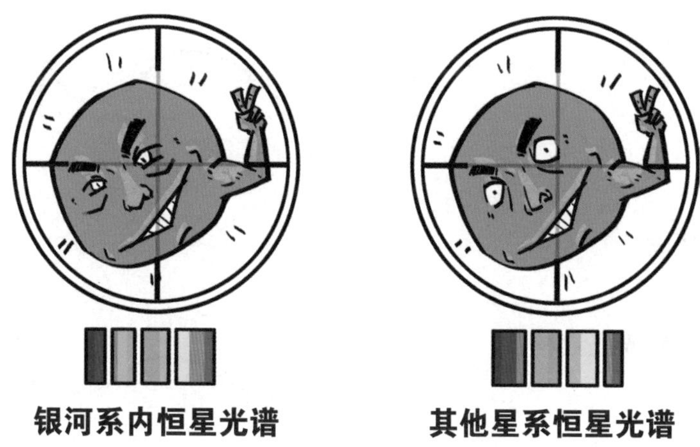

银河系内恒星光谱　　　　其他星系恒星光谱

你看这些外系恒星没有，怎么看，它们都跟咱银河系里的恒星没啥区别，但是相比之下，这些恒星的光谱线，怎么就一水儿地发生了集体跑偏呢？

谱线位置整体向右移动了

或许你听到这句话，并不会感到吃惊，跑偏就跑偏呗，偏了能咋的？但在天文学家眼里，这简直就是毁三观的存在。

说到这，我们不妨先介绍一个大名鼎鼎的物理知识点——多普勒效应

光是电磁波，但凡是波呢，都肯定有一个属性叫波长，也就是两个波峰之间的距离。

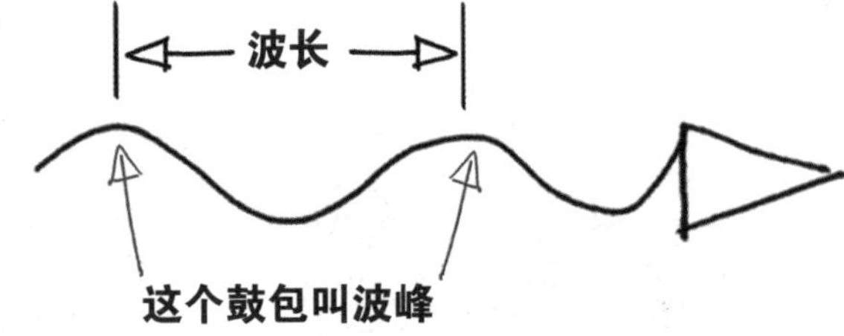

打个比方

假如，红光是这样：

波长

那么，蓝光就长这样：

波长

很明显，红光波长长，蓝光波长短。波长处在 380 纳米到 760 纳米之间的电磁波，就是可见光；

伽马射线　X- 射线　紫外线　可见光　红外线　微波　无线电波

波长超出这个范围的电磁波，人眼就瞅不见了，比如说红外线；没错，就是遥控器里摁出来的东西，你每次看电视换台的时候，都会发射一个红外线信号到电视机上，但咱谁也没看见过它。

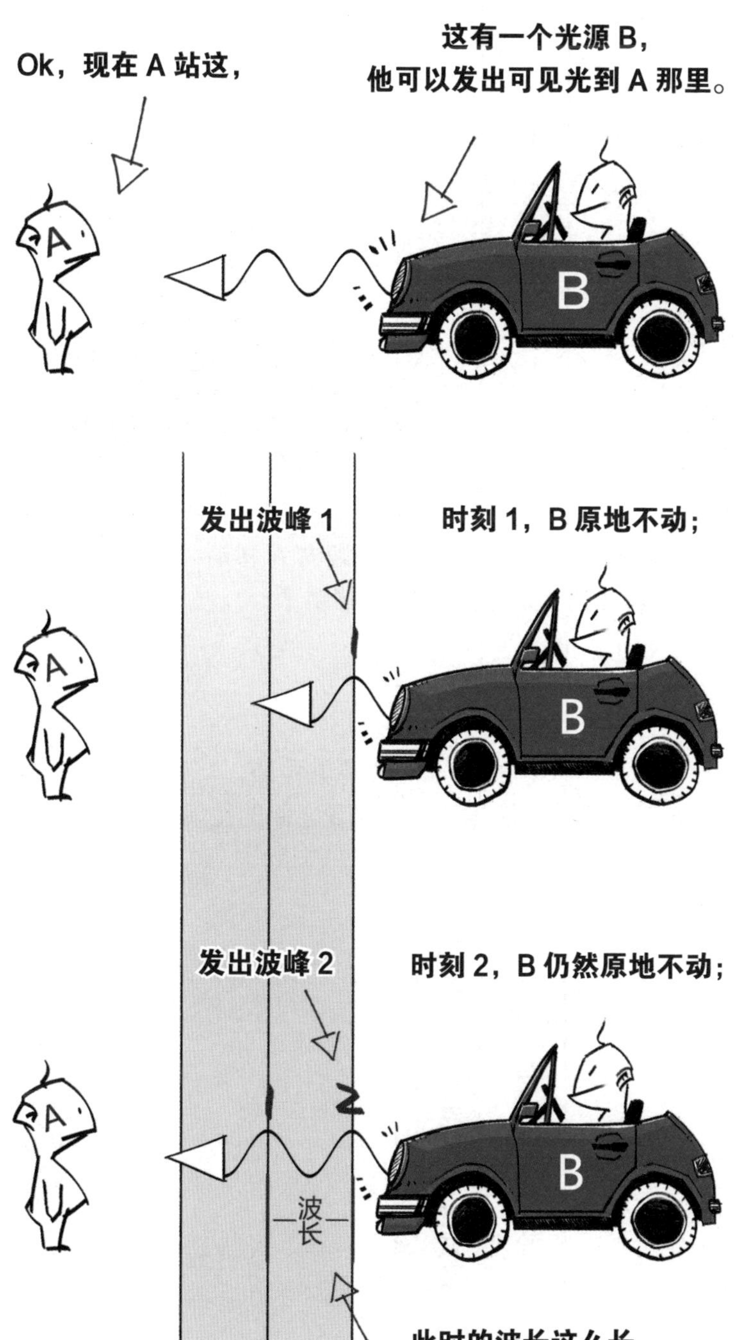
Ok，现在 A 站这，
这有一个光源 B，
他可以发出可见光到 A 那里。
A
B
发出波峰 1
时刻 1，B 原地不动；
A
B
发出波峰 2
时刻 2，B 仍然原地不动；
A
B
波长
此时的波长这么长

时刻3，B在向A移动中；

波峰1和波峰2早已发出去了，间距变不了
但波峰3在这一刻发出，

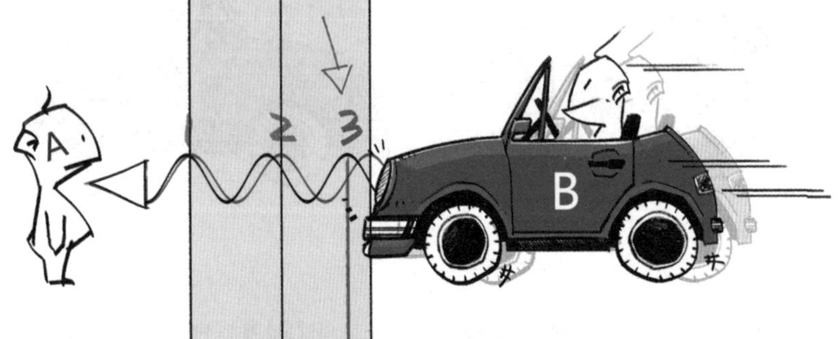

蓝线是波峰3的位置，由于光源向A移动
波峰3出生的位置也向A移动了，

于是，由于光源的移动，
A接收到的，波峰2和波峰3之间的距离变短了。

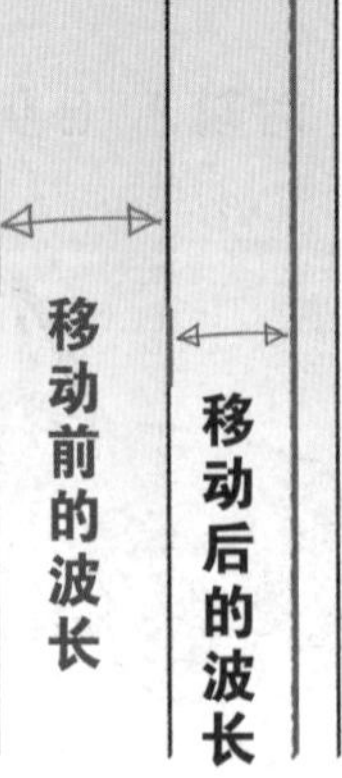

刚才咱怎么说的来着，波长就是两个相邻波峰之间的距离，这个距离变短了就等于波长变短了。波长一变化，其对应的光谱颜色就跟着发生了变化。波长由长变短，在光谱上就是往蓝端变化了，因此叫作蓝移。

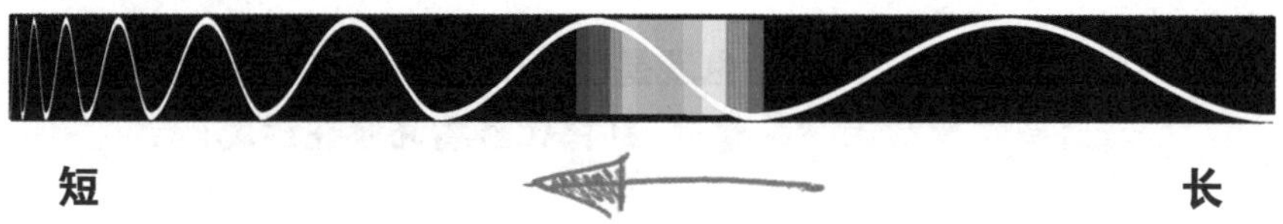

反过来，如果光源离 A 远去会发生什么呢?
我估计大伙已经猜到了，

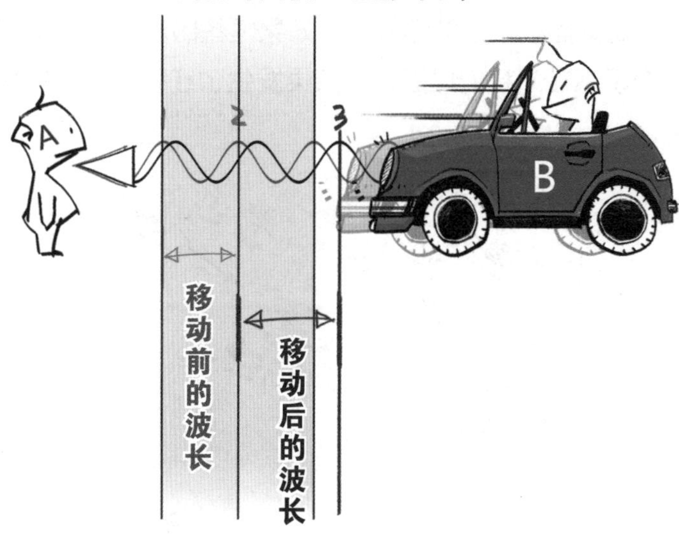

没错，A 接收到的两个波，波峰之间距离增加，波长变长，于是光谱就会发生红移。

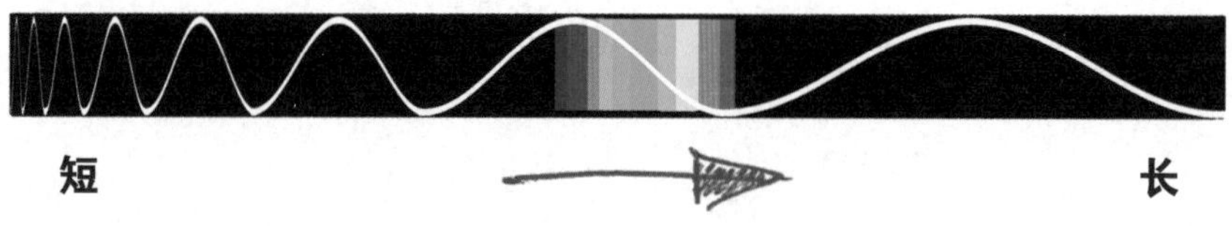

这种由于运动产生的波长变化，就是多普勒效应。

在观测其他星系里的恒星时，如果恒星的光谱发生了蓝移，就说明这个星系在向我们靠近；而如果发生了红移，那它就在远离我们而去。

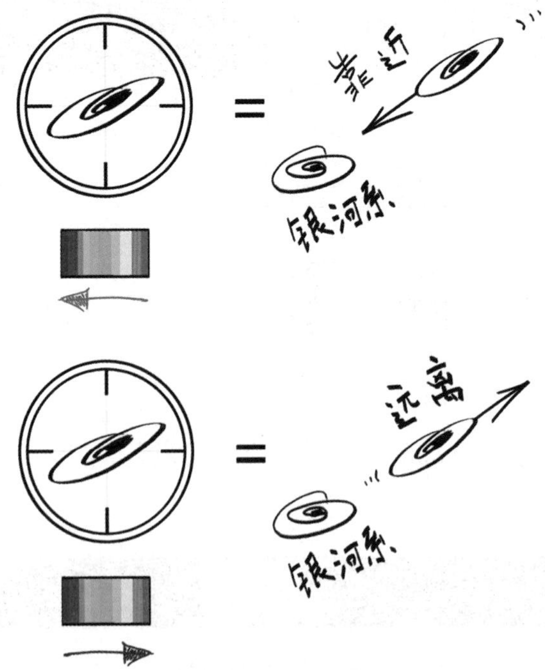

当哈勃窥探到宇宙中还存在其他星系的惊天秘密之后，作为一个标准的科学工作者，他实在按捺不住自己那颗躁动不安的心，开始好奇别的星系是如何运动的，于是他开始测量别家星系的光谱。

5 年以后，哈勃的观测结果再一次惊动了整个世界。情况并不像人们预料的那样——既然宇宙中存在数不尽的星系，那么按照概率，它们的光谱大约是一半在红移，一半在蓝移；而实际情况是，所有的光谱都无一例外地发生了红移，换句话说，宇宙中所有的星系，都在远离我们而去 ……

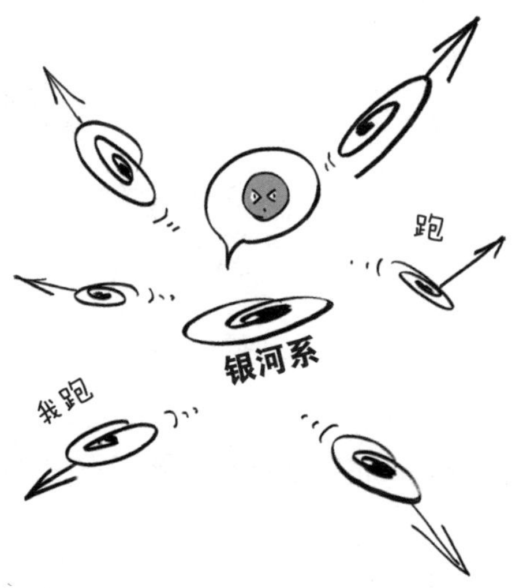

所有的星系都在远离我们，这句话是什么意思呢？银河系这么不招人待见么？为啥别家星系都想躲开我们呢？

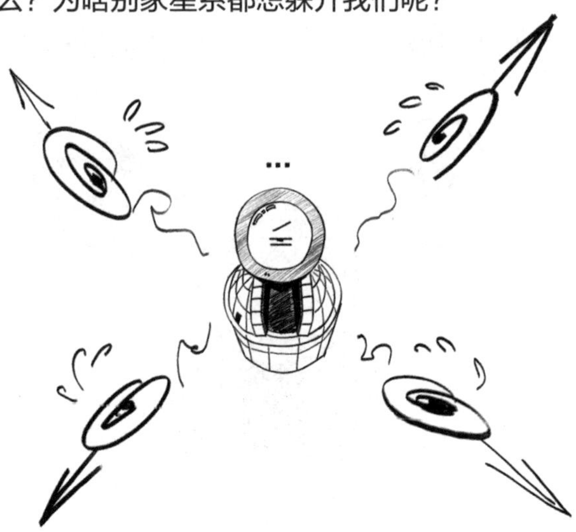

哈勃思来想去，答案貌似只能有一个，是的，并不是地球球缘不好惨遭孤立，真正的原因是，我们的宇宙——正在膨胀。

当气球被越吹越大，站在任何一个圈圈里往外看，其他圈圈都在彼此远离。

这里有件事，咱在这提一下。从多普勒效应，我们知道了：光谱红移代表着星系的远离，这不假。

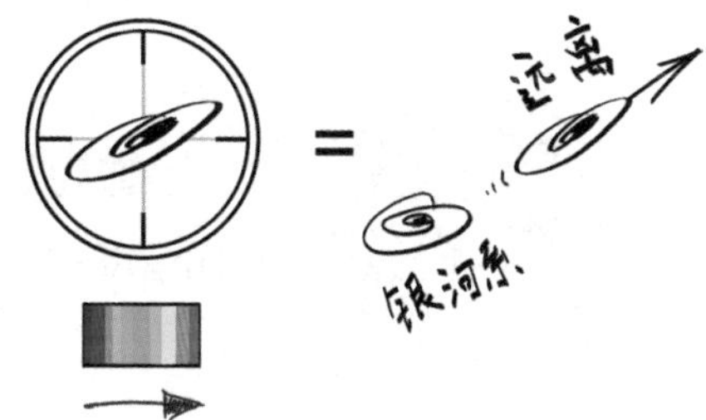

但是，能够造成红移的，并不只有多普勒效应一种。事实上，哈勃观测到的星系光谱红移的原因，还真不是多普勒效应所说的运动导致的波长变化，而是宇宙膨胀的操作直接把波给抻长了。

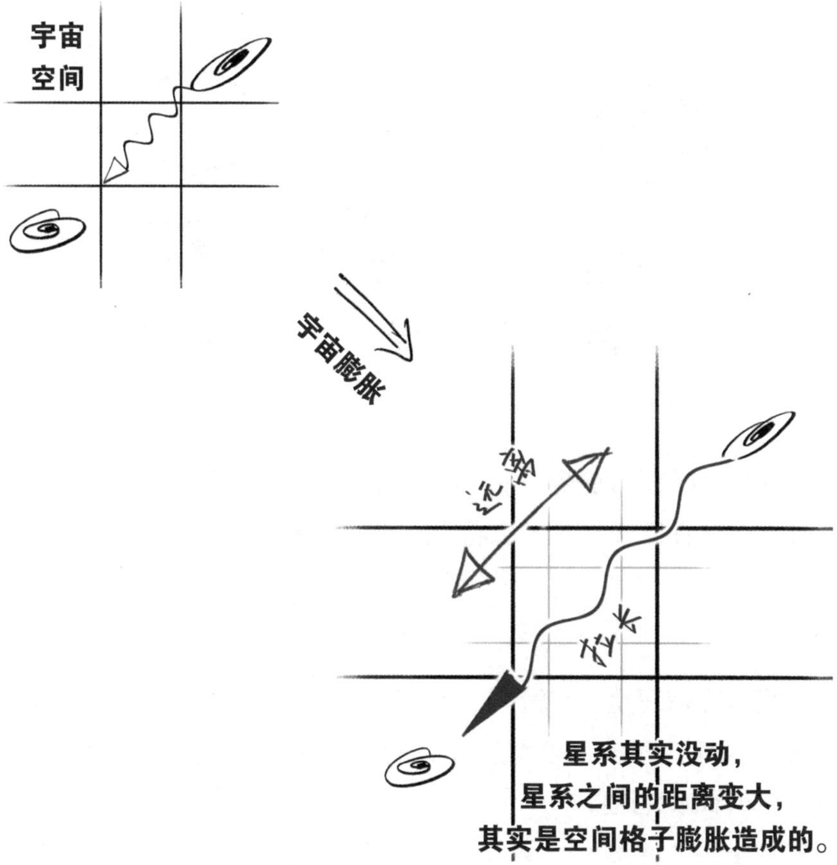

宇宙空间

宇宙膨胀

远离

拉长

星系其实没动，
星系之间的距离变大，
其实是空间格子膨胀造成的。

多普勒效应和宇宙膨胀效应，都能造成星系光谱发生红移，但它们有一个本质区别。

举个例子来说：ABC 这 3 个星系，A 如果看到 B 红移，说明 B 在远离自己；如果红移是多普勒效应造成的，那么 B 就在向远离 A 的方向移动。

注意，C 在 B 的另一侧，B 远离 A，同时接近 C，此时，在 C 的眼里，B 在靠近，因此 C 看 B，就应该是蓝移。

而实际情况是，尽管 A 和 C 分别处在 B 的两侧，但他们却同时看到了 B 的红移，也就是说，所有的星系都在彼此远离，想想看，唯一的解释就是这样：

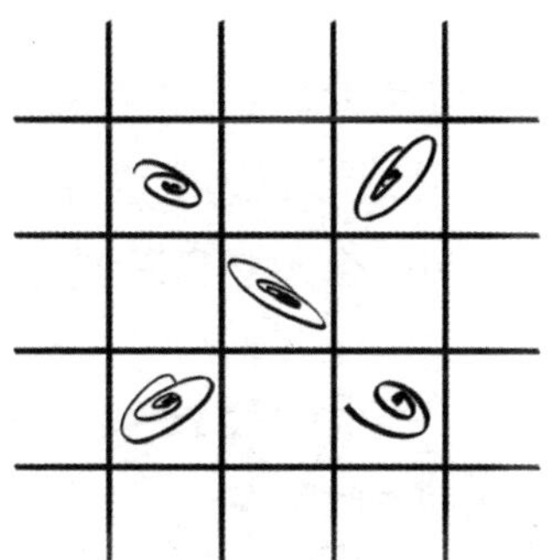

宇宙膨胀效应！

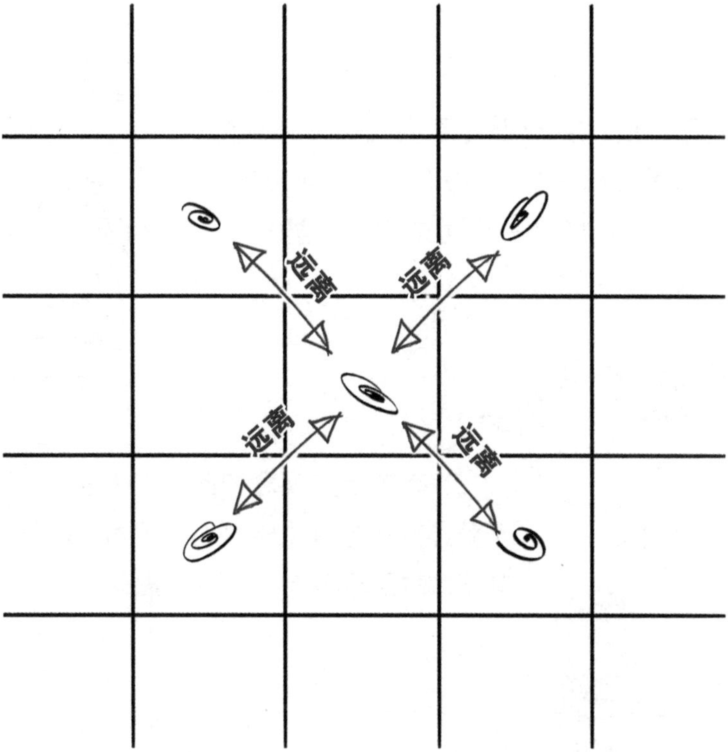

远离

远离

远离

远离

宇宙正在膨胀，这无疑是 20 世纪人类最伟大的科学发现。但让人难以理解的是，自人类开始认识这个世界的那天起，数千年的时间里，我们当中居然就没有一个人能意识到这一点……

$$F = G\frac{m_1 m_2}{r^2}$$

远了不说，从 17 世纪到 19 世纪，牛顿的引力方程就在那摆着，200 年啊，任何人都可以从这个方程推导出一个动态宇宙的结论，可竟然就没有人敢这么干！

静态宇宙的观念如此深入人心，以至于就连这个星球上最聪明，最叛逆的大脑都不敢越雷池半步！

纵然广义相对论的问世，那个集爱因斯坦 10 年苦修之大成的独门秘籍，实际上已经让他推导出了一个动态宇宙的结果……

可遗憾的是，在得到结果那一刻，爱因斯坦本人却死活不肯相信！因此不惜去修改自己苦心建立的方程。

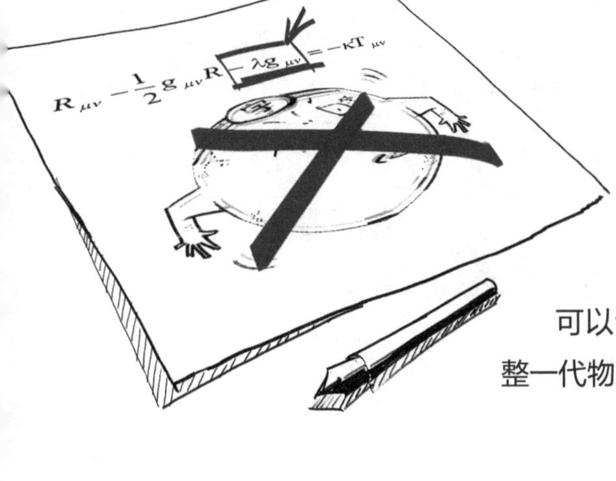

……

可以说，时代观念限制了整整一代物理学家！

=第 2 节　你说什么？宇宙是……炸出来的？=

不过，地球之上，人类之中，总得有人能够第一个看穿迷雾，洞察真相。在宇宙膨胀的问题上，苏联人弗里德曼就是那位被世人忽视的人族先知。

1929 年，哈勃发现了宇宙膨胀的真相，而在此 7 年之前，弗里德曼其实就已然预言了这一结果……

就是在这样一个看似简单的假设基础上，他推导出了宇宙膨胀的惊人结论。只不过，谁会愿意相信一个无名小卒的惊世发现呢？

26 年以后，弗里德曼的学生，乔治·伽莫夫在老师的工作基础上，提出了宇宙火球模型。

乔治·伽莫夫

他猜测，宇宙早期，必然经历过一个高温高压的状态，在最开始的时候，宇宙砰得一下，在一次剧烈的爆炸后创生，随后不断膨胀，直到今天仍未停止。

伽莫夫提出火球模型的时候，尽管宇宙膨胀已成事实，但人们还没能完全摆脱静态宇宙观念的禁锢，思维的边界仍然受限于宇宙永恒的束缚。

在很长一段时间里，反对火球模型的科学家仍旧大有人在。最典型的例子是以霍伊尔为代表的 3 名宇宙学家，他们持有一种叫作稳恒态的宇宙观。

与火球模型截然不同，稳恒态宇宙描述了下面这样一幅图景。

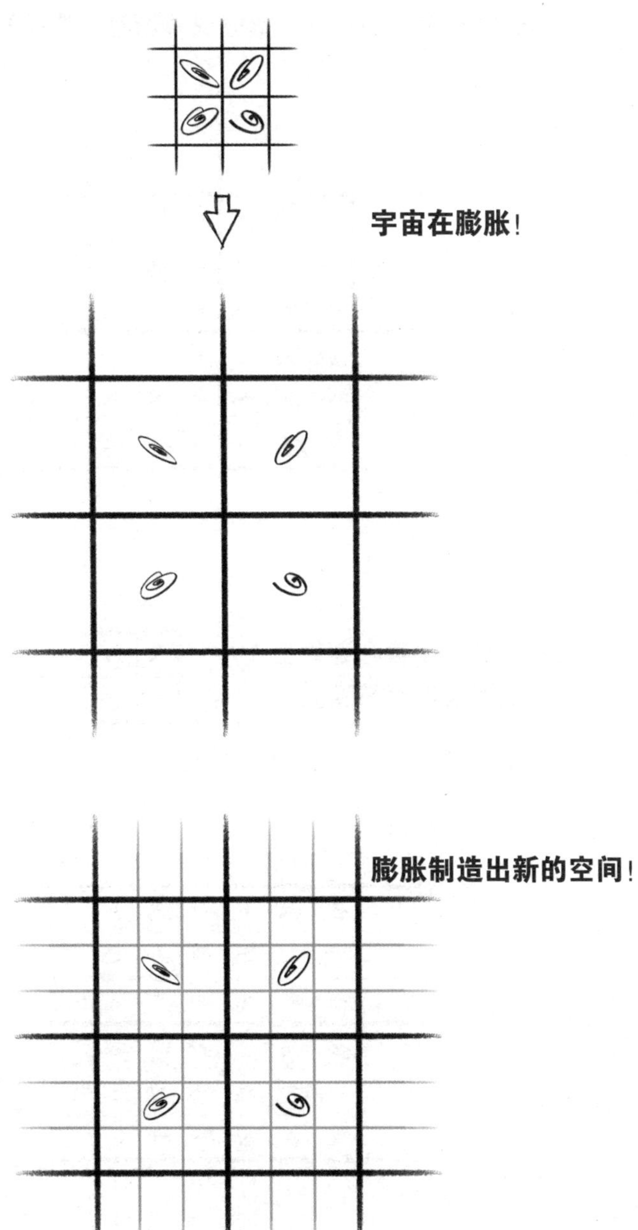

与此同时，宇宙中还会生成新的物质，
这些新出生的物质，恰好填补新空间造成的空当。

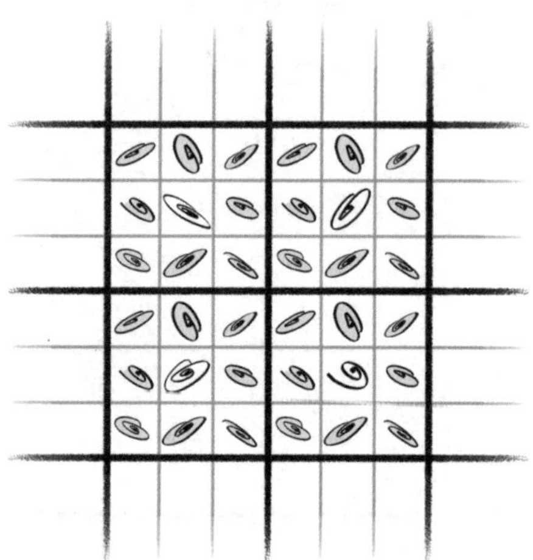

这样一来，宇宙在整体上
物质密度保持不变。

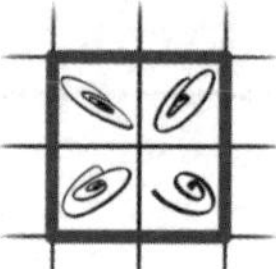

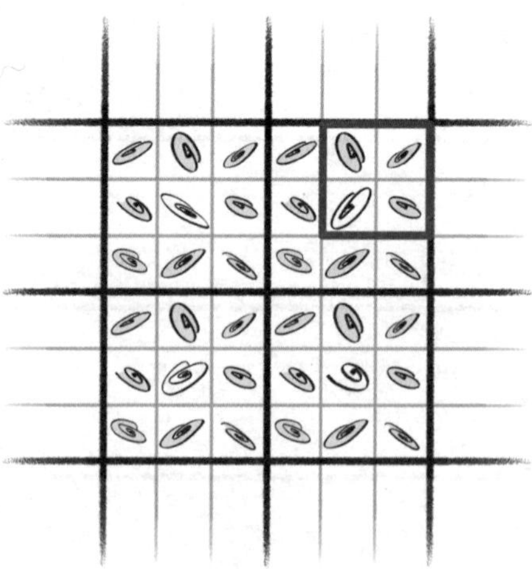

在科学上，观点不一致是常有的事，对立阵营两边一见面就开吵，最后两拨人吵个昏天黑地，人仰马翻也并不稀奇。

只不过霍伊尔这人有个坏毛病，说话忒损。在一次 BBC 电视节目上，他为了埋汰伽莫夫的理论，给人家起外号，把火球模型戏称为：

懂点洋文的同学相信一读就能理解是啥意思，那语气就像是：

你就说多欠是欠吧……

霍伊尔大概没听说过一句话，出来混迟早要还的。装大容易遭雷劈，恶搞一般没有好下场。

1965 年，美国新泽西州贝尔实验室，两位物理学家彭齐亚斯和威尔逊，正在自家实验室的天线跟前犯嘀咕。咱家的微波探测器，这两天不知道因为啥，噪音倍儿大，成天在那 Zer~Zer~ 响。

哥俩爬上去一瞅，居然有人在这拉屎！

别愣着了赶紧铲吧，咔咔一顿忙活，完事再去听，哎呦喂……

哥俩一脸懵，实在搞不懂这究竟啥情况，无奈只好寻求场外援助，电话打给了仅有 50 千米远的普林斯顿高等研究院。

接电话的人是罗伯特 · 迪克教授……

彭威二人把事一唠，迪克听了顿时急火攻心，差点当场吐血身亡。

你俩还有脸在这抱怨噪音吵得睡不着觉，自个儿走了一个天大的狗屎运还不知道呢，俺们兄弟辛辛苦苦，起早贪黑绕世界找，死活就是找不着，谁知道让你们这两货瞎猫碰上了死耗子！

那一天，“宇宙微波背景辐射”被发现，原来，彭威二人发现的那个让天线 Zer~Zer~ 响的东西，就是大爆炸的余温。

于是，真相总算水落石出了，就连吃瓜群众都秒懂，原来人家伽莫夫没说错啊，敢情大爆炸真的发生过！这不，热乎气还没散干净呢！

随着“宇宙微波背景辐射”新闻热点的持续升温，霍伊尔曾经出言恶搞的那句“Big Bang”的视频，被网友翻出来一顿疯狂转发。

到头来，“Big Bang”反而成了伽莫夫火球模型的正式名称被世人所熟知。霍伊尔也因此被啪啪打脸。

“Big Bang”传播之迅速，扩散之广泛是始料未及的，影响远远超出了人们的想象，以至于霍伊尔在一定程度上被渲染成了一个20世纪科学史上的小丑，这真是应了那句话：

我猜，霍伊尔本人也会因为那次不大不小的玩笑而悔青了肠子吧！

而在这件事上，不知所以的彭齐亚斯和威尔逊，就因为这个稀里糊涂的发现，意外地收获了 1978 年诺贝尔物理评审委员会的邀请函。

只是可怜了迪克教授，明明先于旁人走在了正确的道路上，却因运气太差，虽捷足而未能先登，只能眼巴巴看着彭威二人风光无限，而留给自己的只有无数饱含同情与怜悯的目光和叹息。

或许人生本就如此，命运从来就没公平过，纵观人类科学史，任何重大的发现，想来，可能都需要一点运气吧！

事后，我们回过头来看，弗里德曼宇宙膨胀的预言显然是正确的。

只不过，如果我们按照膨胀的模型继续往下推演，宇宙未来的命运，其实并非只有一种可能。考虑到膨胀在引力的影响下，宇宙演化可能出现的结果，下面 3 个模型其实都是对宇宙未来命运的一种合理猜测。

1. 宇宙先膨胀到一定程度，
然后开始收缩，直到缩回到 0；

2. 宇宙将永无止境地膨胀下去，
膨胀速度一定；

3. 宇宙将永无止境地膨胀下去，
只是膨胀速度会越来越慢，
但永远不会停下来。

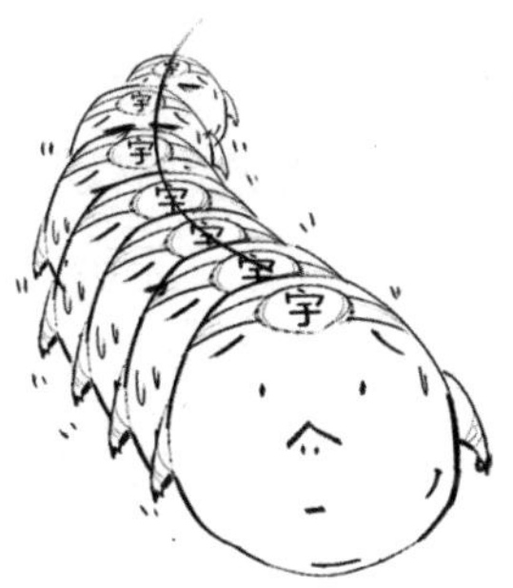

那么宇宙的命运究竟会走上哪条道呢？从 80 年代的证据来看，2、3 的可能性较大。

注意：霍金写《时间简史》时，宇宙膨胀正在加速——这个事实还没有被发现，那时候人们普遍认为，由于引力的影响，膨胀速度会变慢才对。

不过，就这 3 个宇宙演化模型而言，无论哪个是正确的，它们都存在一个共同点，那就是在大爆炸的那一刻，宇宙的密度和时空的曲率是无限大的。

人类现有的任何物理定律在那一点上都彻底崩溃了，失去了原有的预言能力。于是，人们把导致物理学崩溃的，那个大爆炸的起始之点，无奈地叫作——奇点。

无限大的密度和曲率

物理定律在奇点处崩溃，这也就是说，即使在大爆炸之前有过什么事件发生，那跟爆炸之后的事件也没有半毛钱关系。

如果奇点之前发生过什么，也没有用。

奇点

物理学在这点上不好使，所以跟之前连不上。

因此，对于我们而言，时间就是从那一点开始的。

这个世界上有很多人不喜欢奇点的存在，因为它代表着时间的开端，而时间拥有开端，这个说法似乎会给人带来这样一种感觉——宇宙的创生，需要上帝老人家参与操作。

想想霍伊尔曾经那个稳衡态宇宙，其实也是绕开奇点的一种尝试。但随后的种种试验迹象表明，稳衡态宇宙似乎不是那么让人信服，而宇宙微波背景辐射的发现，这致命的一击，最终将这个行将就木的理论，彻底丢进了科学的垃圾桶。

在此之前，1963 年，苏联科学家利夫希茨和哈拉尼科夫，也曾尝试过用其他办法建立一个不包含奇点的宇宙演化模型。他们设想，当我们把时间倒回宇宙大爆炸的那一刻，宇宙中的物质或许并没有全部集中到一点之上，而是缩成了一小疙瘩。

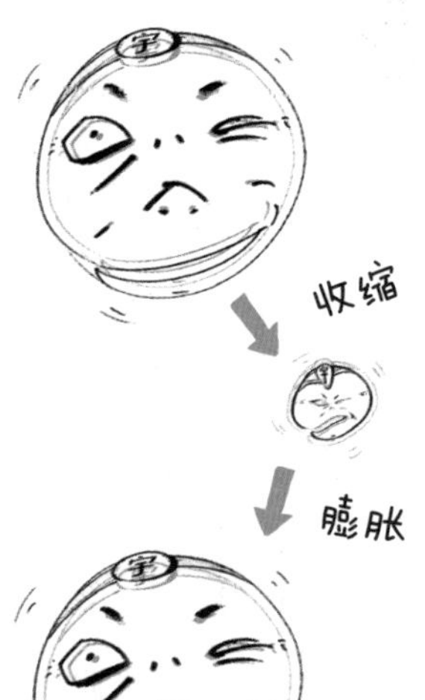

这样，我们就绕开了密度和曲率无限大的情况，从而避免了物理定律失效的尴尬。在这个模型中，宇宙的膨胀并不像大爆炸理论描述的那样，起始于一个神秘的奇点，而是上一个宇宙大收缩的必然结果。

但没过几年，他俩就主动承认这种想法似乎并不成熟，于是在 1970 年收回了这个说法。

从这件事儿里，我们可以看到一个有意思的现象，搞科学不像蹲大号，有的时候吧，即使出来了，你真的还可以再缩回去……

你恶不恶心！

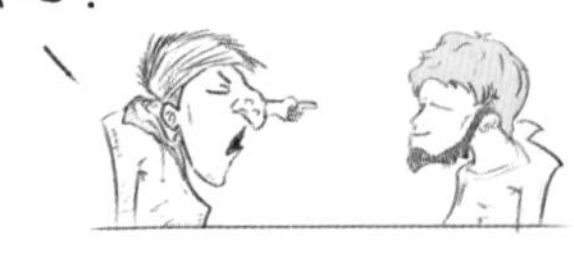

到了1965年，关于奇点的困惑，出现了突破性的转机，这一年，英国数学家，物理学家罗杰·彭罗斯，用数学证明了，当一颗恒星走到生命终点时，会在自身引力的作用下向内坍缩，其体积最终会无可避免地缩小到0。

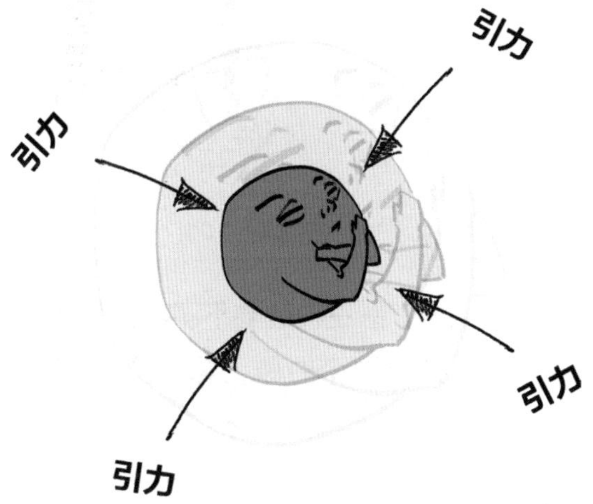

因此，恒星中的所有物质，必然会被压缩到一个黑洞中的奇点上去。

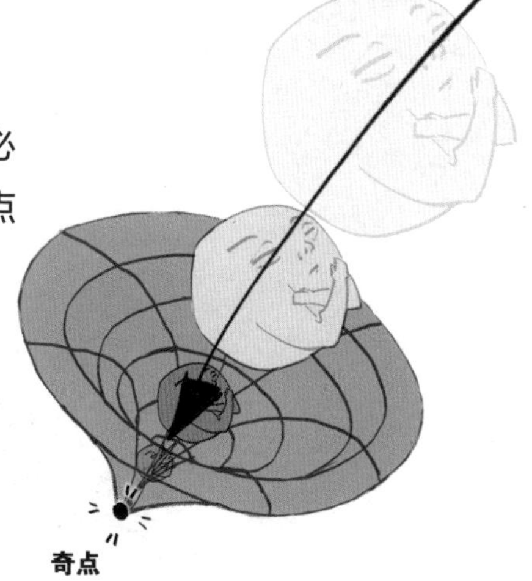

彭罗斯发表这篇论文的时候，霍金还是一名研究生，在此之前两年，他得了一种叫作“渐冻症”的怪病，全身肌肉逐渐萎缩，身体会慢慢变得没法动。

医生说他要不了多久就会被带走，那个时候，霍金原本正在准备博士考试，依病情来看，有没有“Doctor”的头衔，已经不那么重要了。

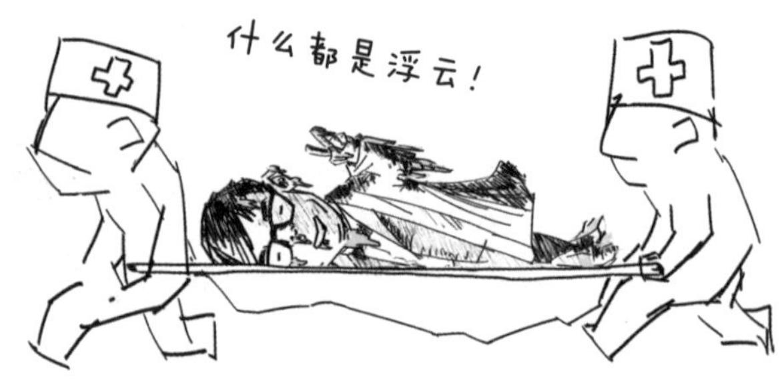

然而，命运总是在人们意想不到的时候出现奇迹，被主角光环加持的英雄不会轻易离开这个世界；

不幸中偶尔也会出现万幸，虽然已被疾病无情地禁锢在轮椅之上，但死神却始终没有忍心夺走他顽强的生命。

两年过去了，霍金的身体没有医生说得那么惨，反而情况还不错。大难不死的霍金不久后还订婚了。

当1965年，霍金读到彭罗斯的论文时，他的激情被重新点燃了。身体动不了又怎样，揭秘宇宙，兄弟靠的是智商！奇迹般地从死亡阴影中走出后，是时候重新拥抱科学了！

恒星必将坍缩为一个奇点，恒星必须坍缩为奇点，思绪快速地在霍金大脑中闪现，坍缩……奇点……一瞬间，像闪电划过夜空，那一刻，前路被照亮了！

假如，我们把这个坍缩的过程倒过来播放……

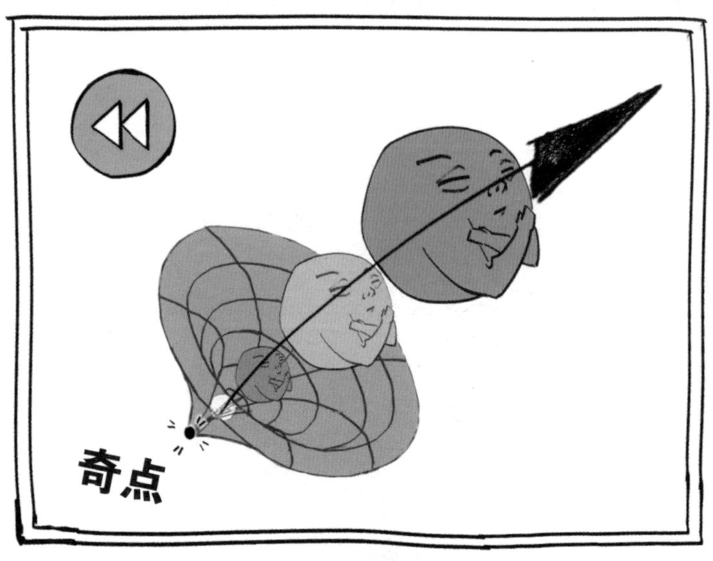

那不是正好跟宇宙大爆炸的情况类似么？

物质既然可以坍缩到 0，为什么就不能从 0 创生出来呢？

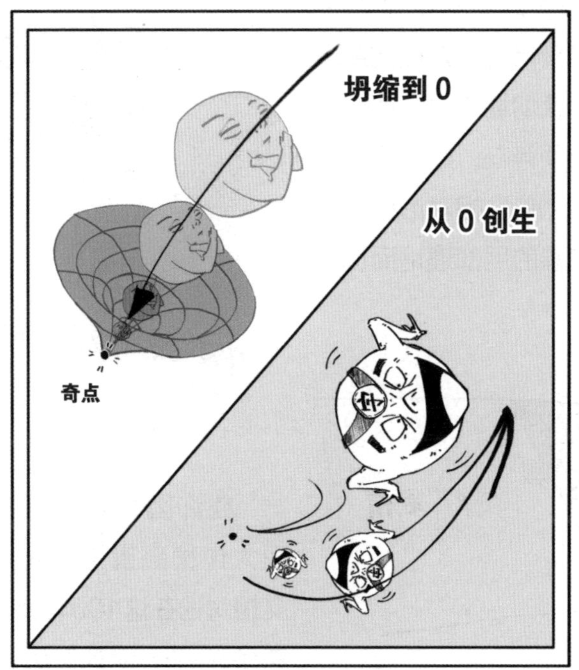

1970 年，霍金与彭罗斯合作，用数学的方式证明了，假如爱因斯坦的广义相对论没毛病，那么宇宙的往事，就必然从一个奇点处开始！这就是大名鼎鼎的

奇点定理在刚刚问世的时候遭到了许多物理学家的强烈反对。由于广义相对论方程在奇点那儿会无可奈何地失效，那么，如果奇点必须存在，这等于直截了当地指出，广义相对论也不过是一个不完善的局部理论而已。

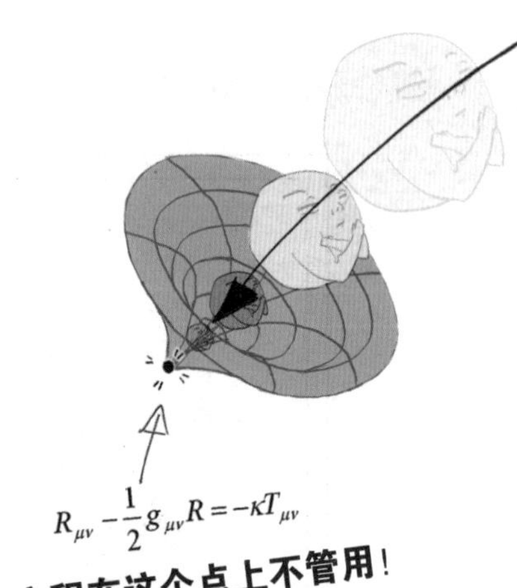

或许因为爱因斯坦在人们心里太过德高望重，或许是由于广义相对论在这100年来从未失手，霍金这样一种看似出言不逊的论调，让很多物理学家听上去非常不爽。不少人表示说，奇点定理是对广义相对论的一种践踏，玷污了它的完美。

但是你反对也好，指责也罢，霍金都不跟你吵吵，数学计算摆在那里，不服你就自己算算呗。

毕竟，科学家是这个星球上最懂得实事求是的群体。不爽归不爽，咱有事说事。不久后，奇点定理最终得到了物理学界的广泛认可，霍金也因此跻身世界一流物理大咖的行列。

不过，让粉丝们万万没想到的是，在写《时间简史》这本书时，霍金竟然宣布，自己的想法，已经变了！

随着 20 世纪，量子力学的发展，人类对于宇宙的认识，一步步地迈向微观领域，霍金认为，一旦考虑量子效应，那个神秘的奇点，就会自然而然地消失不见……